规划整理塾（CALO）◎著

敬子◎主编

惯用脑收纳术

收纳用品的正确选用方式

中国工人出版社

图书在版编目（CIP）数据

惯用脑收纳术：收纳用品的正确选用方式 ／ 敬子主编；规划整理塾（CALO）著. —
北京：中国工人出版社，2021.12
ISBN 978-7-5008-7779-0

Ⅰ.①惯…　Ⅱ.①敬…　②规…　Ⅲ.①家庭生活－基本知识　Ⅳ.①TS976.3

中国版本图书馆CIP数据核字（2021）第238429号

惯用脑收纳术：收纳用品的正确选用方式

出 版 人	董　宽
策 划 编 辑	李　丹
责 任 编 辑	唐寅兴
责 任 校 对	张　彦
责 任 印 制	栾征宇
出 版 发 行	中国工人出版社
地　　　址	北京市东城区鼓楼外大街45号　邮编：100120
网　　　址	http://www.wp-china.com
电　　　话	（010）62005043（总编室）
	（010）62005039（印制管理中心）
	（010）82027810（职工教育分社）
发 行 热 线	（010）82029051　62383056
经　　　销	各地书店
印　　　刷	三河市东方印刷有限公司
开　　　本	710毫米×1000毫米　1/16
印　　　张	16.75
字　　　数	240千字
版　　　次	2022年8月第1版　2023年12月第2次印刷
定　　　价	98.00元

编 委 会

主　任：敬　子

副主任：王　菊

委　员：（按姓氏拼音排序）

目录

第一章

惯用脑收纳

一、什么是惯用脑收纳

　　整理收纳是处理居住者、物品、空间三方面关系的技术和艺术，步骤为先做整理，后做收纳。整理指对家里的所有物品进行一番彻底的清理和取舍，使不用、不留、不藏的物品流通出去。收纳指经过整理之后，将留下来的物品按照居住者的价值观、思维方式、行为习惯进行合理的定位、分类、摆放、陈列。

　　一个人如何收纳，希望环境呈现出何种氛围，是由自己的价值观、思维方式、行为习惯决定的。有的人看到物品摆在台面上就会感觉凌乱，喜欢空无一物的房间，觉得非常清净，也方便打扫。但也有的人喜欢房间像杂货铺一样，将物品都摆得漂漂亮亮的，觉得充满了生活气息，极简生活根本过不下去。

　　收纳方法没有标准答案，大家要找到适合自己的收纳方法。本书推荐大家使用"惯用脑收纳"这个工具，找到最顺手、最适合自己的收纳方式。

　　惯用脑如同惯用手一样，是一个人在思考和行动的时候不假思索自然优先使用的脑型。人的左脑和右脑具有不同的功能，擅长不同的领域。左脑负责身体的右半边，擅长以理性的方式认识事物，对事物有意识、阶段性地进行处理，擅长日常重复的行为模式和辨别事物的细节。左脑的优势体现在语言表达、分析推理、逻辑思考、文字词汇、计算数字等方面。右脑负责身体的左半边，擅长以感性的方式认识事物，凭直觉无意识地接受事物，也是唤起情感中枢的地方，可以感知来自环境的刺激和辨认空间的相互关系。右脑的优势体现在灵感与直觉、影像记

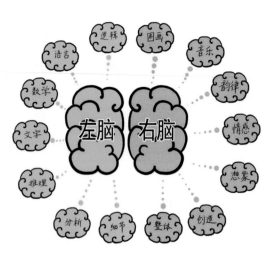

▲ 左脑及右脑的功能

忆、图形音乐、艺术创造、空间把握能力、整体把握能力等。

世界十二大职业整理师协会之一的日本生活整理师协会（JALO，Japan Association of Life Organizers）将"惯用脑理论"和"大脑功能论"用于整理收纳，通过统计学方法，独家总结了"惯用脑收纳"的方法论，注册为"惯用脑整理收纳术®"。同为世界十二大职业整理师协会之一的中国规划整理塾（CALO，China Association of Life Organizers）将此方法论引入国内，并推广传播，以便更多的整理收纳爱好者可以找到适合自己的整理收纳方法。

二、如何测试惯用脑

通过一个简单的小测试就可以判断自己的惯用脑，在测试时需要做两个小动作。

首先，测试一下自己在接收信息时惯用左脑还是右脑。接收信息指听人说话、观察事物、阅读书籍、观看图画或视频等行为。双手交握，食指交叉，一只手的大拇指压住另一只手的大拇指。请观察当双手交握时是左手大拇指在下还是右手大拇指在下。如果左手大拇指在下，就是惯用左脑接收信息，否则便是惯用右脑接收信息。

其次，再测试一下自己在输出信息时是惯用左脑还是右脑。输出信息指演讲说话、行动、做事等行为。测试时双臂在胸前环抱，一只手从另一个手肘下面掏出来。请确认自己掏出来的是左手还是右手。如果掏出来的是左手，就是惯用左脑输出信息，否则便是惯用右脑输出信息。

在测试时需要注意以下三个方面。

第一，在做动作时应采用自己最习惯、最自然的方式。如果采用的不是自己直觉上最喜欢的动作，那一定会觉得别扭。

第二，惯用脑收纳是基于统计学得出的结论，用来判断某种倾向的强弱，而不

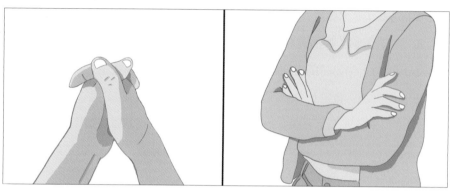

🔺 惯用脑测试的两个步骤

（来源：规划整理塾（CALO）著《亲子规划整理术》）

是对人的心理和行为进行定型和定性。不建议大家使用本工具从整理收纳发散到对人的大脑发育、心理发育等话题进行分析。

第三，可以以此为参考标准，但不要给自己贴标签，如果自己是其中某一种脑型，但是却更喜欢另一种脑型的收纳方法，也可以以另一种脑型的喜好和在生活当中真实的表现作为标准。

通过测试双手交握和双手抱臂这两个动作，就能得出四种类型的惯用脑，分别是左左脑型、右右脑型、左右脑型和右左脑型。本书重点介绍适合每一种类型惯用脑的收纳方法。

三、左左惯用脑型的收纳习惯和方法

左左惯用脑型（以下简称左左脑型）的人属于细致传统型，思考优先。这种类型的人性格有以下四个特点。一是习惯按部就班和日常重复，不擅长灵活变通，在乎做事的顺序和流程，比起结果更倾向于过程。二是关注细节，细致慎重，习惯做任何事情都要考虑风险。三是注重逻辑，擅长分析数字及文字信息。四是理性强，看重效率，买东西会优先考虑功能性和合理性。落实到收纳方法上，建议左左脑型的人考虑以下六种方法。

第一，注重整理收纳的顺序。先想再做，整理收纳之前先在纸上把流程、标准、规划写出来，想清楚了再开始干。每日回家后要做到物归原位，有仪式感地将所有物品放回固定的收纳位置。

▶ 有仪式感地折叠会让人感觉心都静下来了
　（来源：日本 JALO 协会）

第二，"盒中盒"分类。对同一类物品分类再分类，通过多次分类，大盒里面放小盒，摆放的时候可以更加细致，会让左左脑型的人觉得舒适。

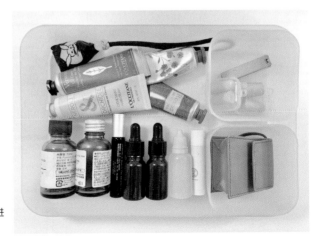

▶ 收纳盒中配置小收纳盒，再次进
　行分类

　　第三，用标签和清单管理物品，贴标签时选择统一的文字标签。

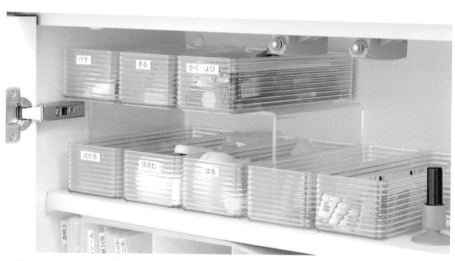

▲ 收纳盒配上统一的文字标签

（来源：日本 JALO 协会）

　　第四，对非必要的物品最好采用隐藏式收纳。由于左左脑型的人会被形状、颜色等非逻辑信息干扰，最好使用白色封闭款的收纳盒，保持收纳用品外形简单、朴素、统一。

▶ 完全没有多余信息的收纳盒

（来源：敬子）

　　第五，收拾好墙面、地面、台面，保证三面无物，物品用时再取。左左脑型的人找物品凭分类逻辑，无须看见物品。

ⓐ 台面无物的办公桌
（来源：敬子）

　　第六，将同样功能的物品分类放置。按照使用频次对物品进行分类摆放，将高频使用的物品放在最方便拿取的地方。按照使用频次分类的时候，左左脑型的人可以将物品分为四类，分别是"每天使用""每周使用一次""每三个月使用一次""其他"。

◉ 按照功能和使用频次对数据线进行分类

（来源：敬子）

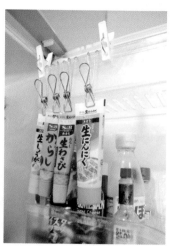

◉ 高频使用的调料用架子挂起来

（来源：日本 JALO 协会）

　　左左脑型的人的劣势是把握空间能力有限，如果在大通间里，布置物品可能比较困难，或者家具内部没有隔板分隔，用起来也会觉得有困难。推荐左左脑型的人先用家具或者工具把空间分割开来。

四、右右惯用脑型的收纳习惯和方法

右右惯用脑型（以下简称右右脑型）的人属于热情好动型，行动力超强。这种类型的人性格上有以下三个特点。一是灵感和直觉比较强，擅长图像记忆，具有艺术性、创造性，比起合理和逻辑更在乎直觉和直观感受。二是说干就干，是大家口中的行动派，还可以多线程行动，同时并行做好几件事情。三是以感觉和兴趣优先，容易情绪烦躁，注意力和兴趣会很快转移到其他地方。落实到收纳方法上，建议右右脑型的人考虑以下五种方法。

第一，做"马上就能见效"的整理收纳。摊子不用铺得太大，对一个抽屉或一个小柜子中的物品立刻进行清理和分类，马上就可以看到效果，这样更能激励自己。

第二，敞开口收纳。不要封闭和隐藏物品，用不带盖子的收纳用品将经常使用的物品收纳在台面上，这样可见度高，拿起来又方便。

▶ 用收纳筐简单收纳即可

（来源：日本 JALO 协会）

第三，在哪里用，就将物品收纳在哪里。既然有些物品是随意放置的，不如就灵活地将随意放置的地方变为收纳位置。

▶ 家居服干脆直接放在床上，方便每晚使用
　（来源：日本 JALO 协会）

第四，选择一目了然的方式摆放物品。所见即所得，可以按照颜色、材质、形状等分类，以便快速寻找。

◀ 不按功能而按材质分类餐具
　（来源：日本 JALO 协会）

第五，要能够快拿快取，对于常用的物品，最好通过一个动作就能够取放。能挂不叠，多用挂钩、挂杆。

▶ 在次净衣和包包区一个动作完成收纳
　（来源：日本 JALO 协会）

五、左右惯用脑型的收纳习惯和方法

左右惯用脑型（以下简称左右脑型）的人属于独具一格型，追求自我。这种类型的人的性格有以下两个特点。一是特别擅长按照自己的感觉制定符合自己的规则。这类人即使系统学习了整理收纳方法，做的时候也会觉得不一定要一板一眼地照着老师教的方法。二是行动能力强，快速灵活。落实到收纳方法上，建议左右脑型的人考虑以下四种方法。

第一，一件物品如果看不见，就会忘记在哪儿，所以适合使用开放式的、看得见的收纳方式。

第二，在哪里用就收纳在哪里。使用何种收纳方式按自己的感受来调整。

第三，坚持原创，可以大胆地使用原创方法。有些个人原则在别人眼中看来可

⊙ 上下床用作收纳玩具的基地

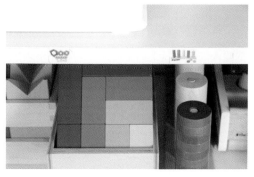

▷ 用图片代替文字对玩具进行标注

◉ 在橱柜转角处收纳偶像的 DVD 空盒子

（来源：日本 JALO 协会）

能有点奇怪，但这就是左右脑型的人的特点乃至优秀之处。有些左右脑型的人甚至坚持一定要找到自己独有的收纳原则。

第四，灵活调整收纳方法，不用追求一次到位。左右脑型的人很重视自身的感受，喜欢经常给靠垫换个花纹，给餐桌换个桌布，喜欢过一段时间就调整一下物品放置的位置。

六、右左惯用脑型的收纳习惯和方法

右左惯用脑型（以下简称右左脑型）的人属于感性务实型，追求自我。这种类型的人性格有以下四个特点。一是追求理想，要求比较高，是典型的完美主义者。二是喜欢整体掌握信息，同时以逻辑和道理展开行动，喜欢自己拿主意，比较固执。三是动手能力强，设计能力强。四是买物品容易受到最新上架、限量销售的吸引，选物品需要花费大量时间。落实到收纳方法上，建议右左脑型的人考虑以下五种方法。

第一，要把物品分成"看得见的收纳"和"看不见的收纳"。比如，叠衣服后要保证看得见图案，最好把花纹叠在外面。

▶ T 恤胸口图案面向外

（来源：日本 JALO 协会）

第二，既分类得当，又美观。可以考虑用封闭式柜门和帘子遮挡物品。

◀ 拉开帘子分类得当，拉
上帘子清爽美观

（来源：日本 JALO 协会）

　　第三，可以使用折叠等复杂的收纳动作，但是物品摆放必须美观。购物时要选择摆放美观，拥有清爽、漂亮外观的物品。

　　第四，重视空间的布置，擅长利用空间，按形状或功能给物品分类。由于右左脑型的人对视觉比较敏感，推荐使用不同颜色的收纳筐进行分类。

⊙ 漂亮的毛巾折叠收纳
（来源：日本 JALO 协会）

⊙ 利用吊柜底层收纳保鲜膜等
（来源：日本 JALO 协会）

　　第五，由于形象和画面对右左脑型的人影响较大，所以整理收纳之前应先找到自己的愿景和画面感。可以多看看别人的整理收纳完成图，找到自己想要的形式。

⊙ 分装置换瓶不仅按功能分类且外观清爽
（来源：日本 JALO 协会）

七、当一家人的惯用脑类型冲突时应如何处理

一家人往往具有不同类型的惯用脑。家人可以一起做测试，测试完之后讨论一下你们的习惯和行为特点，这样可以更容易理解以往由于偏好不同而产生的摩擦，能够更好地调整收纳方式，让大家都觉得更舒服。

四种惯用脑类型并没有好坏之分，只要每个人觉察自己的类型，就能创造出更适合自己的收纳方式。

分享一个例子。妻子是左左脑型，喜欢把东西全部收进柜子里，外面什么都看不见。丈夫是右左脑型，必须要把东西放在外面才行，所以他们对于厨房里的锅铲和勺子如何放置是有冲突的。按照妻子的想法，它们都应该收在抽屉里，而按丈夫的习惯则应该挂在墙上。但是日子还得一起过，那怎么办呢？这时原则上应该优先考虑不擅长收拾的人，在本例中是丈夫，所以锅铲和勺子应该挂起来。但为了照顾妻子的感受，采取的办法是按照锅铲和勺子的颜色、材质收纳并挂在不显眼的位置上，这样就皆大欢喜了。实际生活中大家遇到这种冲突的情况可以参考以上方法。

本书后续案例按照不同惯用脑类型的生活整理师（Life Organizer，咨询型的整理收纳师）的收纳进行篇章分类，向大家提供他们自家的收纳案例，以便找到更合适大家的惯用脑类型的收纳范例，也可以为不同惯用脑类型的家人寻找更合适他们的方法。

第二章

左左脑型的收纳
用品及收纳术

一、左左脑型的衣橱及衣帽间收纳

1. 衣橱及衣帽间整体布局参考

　　左左脑型的生活整理师 Pery 习惯提前做规划，将物品梳理清晰后再着手收纳，不喜欢将物品散落在外面，喜欢将物品有序摆放在统一的收纳用品里面，有秩序的视觉体验让她感到舒服、自在。

　　夫妻二人衣物数量不多，基本可以收纳在一个衣柜里。Pery 已将叠衣物作为日常解压的一种方式。衣柜里的衣物按使用频率分类，并拥有固定的位置。收纳用品统一的外观难不倒 Pery，她清晰地知道每个区域放置的是何种物品。

◁ 最上层放置当季不常穿的衣物，Pery 选择使用外观简约、不透明的收纳物品

◁ 黄金悬挂区域用于悬挂日常常穿的衣物

◁ 利用外观统一的收纳用品来摆放内衣、袜子以及常穿的上衣

◁ 左边隔板区域分别放置了床上用品、睡衣、健身服以及裤装，折叠竖立摆放。

左左脑型的生活整理师竹子首先厘清自己的需求，对衣服的种类和数量做了详细严格的规划，列了一份清单，比如，夏季裙子 4 条、衬衫 3 件、裤子 5 条、袜子 6 双，数量满足当下生活需求即可，不持有过多的物品。

明确需求后，竹子对衣柜进行布局规划，去掉层板，规划出三大悬挂区，可以满足全家三个人当季要穿的衣物悬挂收纳需求。

▶ 竹子将当季日常穿着的衣服全部悬挂

▶ 左侧衣柜下方区域放置尺寸贴合的白色收纳盒

▶ 换季衣服折叠收纳到下方非黄金区域

▶ 衣柜与收纳盒统一为白色，简约高效

2. 衣橱、衣帽间收纳用品及使用方法

作为左左脑型，Pery 不喜欢屋子凌乱，尤其是各种物品散落在外面，因此她喜欢把物品全部隐藏在外观一致的收纳用品中，把叠好的衣物一排排放进收纳盒的那一瞬间心情也会舒畅愉悦。

▲ 宜家思库布是 Pery 最常用的系列收纳用品，具有多样的尺寸、统一的外观、简约的色调

竹子全家 3 人，每人使用 2 个盒子，一共 6 个盒子，换季的衣物平叠收纳即可。衣柜和收纳盒都来自宜家，收纳盒与衣柜尺寸匹配完美，这也是整理收纳的一个小技巧，选用同一品牌的家具和收纳用品，这样空间、尺寸、颜色都相对统一，和谐搭配。

▶ 竹子的衣柜没有层板，上方有一根悬挂杆，悬挂当季要穿的衣服，下方空白区域放置白色纺布收纳盒，按使用人分类收纳

根据衣物收纳的需求，竹子选用 4 种功能类型不一的衣架，鹅形裤架用来挂先生的裤子，干湿两用衣架适用于大部分款式衣服，木质大宽度的衣架匹配衬衣、外套、西装，可以给衣服更好的支撑与保护，孩子的衣服则选用小尺寸的儿童衣架更适合。

▶ 上方悬挂竹子先生的当季衣服

▶ 下方增加一个伸缩杆，作为孩子的衣服悬挂区

二、左左脑型的厨房及餐厅收纳

1. 厨房及餐厅整体布局参考

　　Jenny 家的厨房面积只有 $4m^2$，麻雀虽小，五脏俱全。全家人一日三餐的品质、在厨房工作的效率，甚至家里主厨的心情，都离不开厨房整体的规划、定期的整理以及合理的收纳。

　　5 年前刚入住时，Jenny 曾尝试把所有的烹饪工具、调味品全部悬挂出来，这样在使用时虽然方便了很多，但每当她进入厨房时，一眼望去满满当当的东西，本来就不大的厨房显得格外拥挤和杂乱，使她心情烦躁，甚至都有点不愿意到厨房了。

Jenny 结合先生和孩子的需求，对家中厨房物品的布局进行了几次调整。家中物品的收纳方式应优先满足不擅长收纳的人的需求，帮助他们搭建适合的收纳体系，这样他们才能更容易地学会管理物品。

▶ Jenny 拆掉厨房所有挂杆，将炊具、调料全部收进柜子里

▶ 按照先生的需求，减少台面上放置物品的数量

▶ 按照孩子的需求，将最常用的调料或者工具拿出来

柘良君的厨房设计灵感来自一部很温暖的日剧——《深夜食堂》。剧集里面每一个人的生活故事和人生经历都能在"食堂"这个小小的空间里面交汇融合，被徐徐讲述和分享。愉悦的、悲伤的、疯狂的、平淡的，都有来处，也都有去处，转身之间就能细细品尝生活百味。

好的厨房应该具备哪些必要条件？柘良君认为不能缺少一个连接我的酒菜和你的故事的"窗口"。还记得《深夜食堂》

▶ 柘良君的厨房

里面，老板从隔断的布帘后面探出头来的镜头吗？客人的一句"除了豚汁套餐以外还有什么吗"和老板的一句"欢迎回来"，在流水的客人和铁打的老板之间，这个厨房与餐厅的"窗口"通过食物传递着活色生香的故事。

厨房的中岛台将原本"一"字形的紧凑空间变为交流顺畅便捷的"二"字形空间。我们一边做着美食，一边也能更好地和朋友们畅聊最近听到的趣事，惬意且随意是搭配四季三餐的最好底味。

◉ 柘良君的冰箱在左侧水池的正对面，在拿取清洗时最短的路径线路上

◉ 中岛台呼应灶炉，将左侧拥挤的操作台延展出一块开阔的二维空间

拥挤是大多数操作台的通病，柘良君的厨房面积不大。考虑到要在有限的区域内尽量使厨房工作操作顺畅，柘良君在维持台面"面光"的前提下，加强烹饪操作的高度集中性，将功能器具尽可能地集中摆放在最靠近操作空间的位置，以节约烹饪时间及精力，毕竟餐食美妙也需对饮佳人。

◉ 厨房左侧是操作核心部分，柘良君将功能器具集中摆放

　　"酒鬼人设""美食杂烩"让一名不务正业的"厨子"需要一个大大的储物柜，容纳下柘良君对于美味的所有幻想。这个柜子最初容纳的是烤箱、微波炉，但渐渐地被各种口味的食材攻城略地，不同的PP抽屉划分出不同"城区"，存储不同的食材和物品，使我们不需要再纠结该烹饪何种美食。

⊙ 柜子左侧味道浓烈的辛香料与烹饪时需要用到的各种器具和食材"上下楼"摆放

⊙ 柜子右侧为咖啡茶叶、干粮杂货

⊙ 柘良君用半透明磨砂的PP抽屉代替透明白色的PP抽屉，既能阻断透明材质带来的杂乱感，也能避免纯白的材质带来的失温感

　　竹子对厨房收纳的要求是在台面上只收纳少量每日使用高频的物品，尽可能地把物品收纳进橱柜里。

⊙ 竹子对不同功能的物品只保留最喜欢、最好用的那一款，严格控制餐具和烹饪工具的数量。

⊙ 物品及收纳用品尽可能选择统一的白色系，将视觉噪声降到最低竹子依据在厨房工作的流程，依次将厨房划分为清洗区、加工区、烹饪区。

▶ 下方3个橱柜分别对应的是清洁用品收纳区、厨具收纳区、餐具收纳区

▶ 上方两个橱柜竹子用来收纳各类干货面点等食材

竹子尽可能少量持有物品，在4m² 左右的厨房每天烹饪一日三餐，过着舒适有序的生活，怀着这样的心愿，规划整理出现今厨房的模样。

2. 厨房、餐厅收纳用品及使用方法

◉ 料理台上方吊柜下层左侧 Jenny 统一使用密封罐上下两层收纳各类杂粮

◉ 右侧使用小号密封罐里外两排收纳面条及干货，用带把手的收纳筐统一收纳

◉ 上层是收纳干货的另一个小库房，在高处统一使用白色带把手的收纳筐

⊕ 灶台下方第一层抽屉 Jenny 主要用来收纳常用碗、盘、碟及保鲜盒

⊕ 灶台下方第二层抽屉左侧 Jenny 用来收纳常用炒锅、平底锅及不常用的保鲜盒，3 个锅采用叠放收纳方式

⊕ 灶台下方第二层抽屉右侧主要收纳液体调料，分别在瓶盖上贴上标签做标记

⊕ 水槽左侧上方吊柜下层用白色收纳筐收纳常用料理工具，上层用透明收纳筐收纳一些不常用的烘焙工具和模具

⊕ Jenny 利用置物架增加层板中间的一部分收纳空间，收纳一些烘焙用品

⊕ 料理台下方的小抽屉 Jenny 用来将零碎小工具按类别进行收纳

⊕ 可以根据要收纳物品的长短调节隔板的位置，起到很好的分隔作用

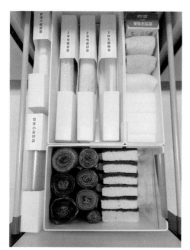

- ⊙ 料理台最下方的抽屉 Jenny 用来收纳各种袋类及清洁工具类物品

- ⊙ 将密封袋、保鲜袋去掉原包装盒，根据袋子型号匹配尺寸合适的白色收纳盒

- ⊙ 垃圾袋及其他清洁用品尽量保持直立收纳

- ⊙ 水槽右侧三层小推车的第一层收纳无须冷藏的蔬菜，第二层收纳各类酱料，第三层收纳一些速食

- ⊙ Jenny 用牛皮纸袋收纳蔬菜和酱料，脏了可以随时更换

- ⊙ 上方橱柜竹子用来收纳重量较轻、需要干燥保存的食材类物品

- ⊙ 不锈钢密封盒适合收纳鱿鱼干、墨鱼干等肥厚大尺寸的食材，且不会串味

- ⊙ 透明玻璃密封罐适合收纳豆类、糖、红枣、枸杞等食材，可以轻松掌握存量

◉ 上方另一橱柜竹子用来收纳面食类物品

◉ 白色分格收纳盒能够将不同类型的面食分类，固定位置收纳，方便查找拿取

◉ 透明密封罐适合收纳面粉、麦片、藜麦等，盖子旋转90度开关，非常方便

◉ 竹子家水槽下方的橱柜是厨房清洁用品收纳区，集中收纳与用水相关的物品

◉ 15cm高的层架下面放菜盆，上面放各种清洁剂

◉ 右侧白色系的收纳盒用来收纳洗碗布，能够存放4~5个月的用量

◉ 竹子的消毒碗柜第二层为盘子收纳区，底部自带分隔栏，可以使盘子竖立摆放

◉ 选购消毒柜时要考虑其内部结构是否与家里的餐具种类和数量匹配，是否能实现餐具竖立摆放

◉ 盘子的数量满足一家三口日常所需即可

三、左左脑型的书房收纳

1. 书房整体布局参考

　　对于 Pery 而言，工作及学习效率的高低取决于办公环境，即专注、高效、整洁、愉悦，杂乱的环境会让她分神甚至焦虑。近两年，根据新冠肺炎疫情防控要求，在家办公的时间变长，书房的环境显得十分重要。

▶ 原木色加白色的家具风格

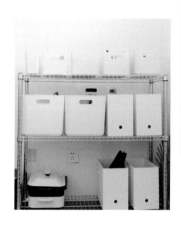

◀ Pery 使用无印良品以及宜家的收纳用品打造实用的简约书房

2. 书房收纳用品及使用方法

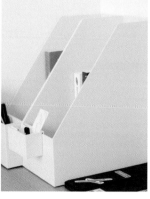

◀ Pery 使用无印良品的白色收纳盒收纳书桌上重要且常用的物品，小件学习工具收纳在 mini 收纳盒里

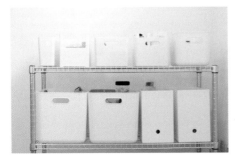

ⓐ 不透明的白色收纳盒，Pery 用来收纳孩子的零食

ⓐ 收纳用品的高度与孩子的身高匹配

ⓐ Pery 在收纳时将零食的外包装去除，可节省空间

ⓐ Pery 书房的窗台用来摆放孩子的绘本以及教材

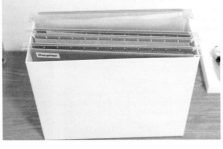

ⓐ 无印良品的收纳盒与文件收纳袋尺寸完美匹配

ⓐ 文件的收纳，Pery 按照家庭成员分类，并做好标签，分门别类、查找方便、整洁美观

ⓐ 当没有储物间时，荀子用置物架当作小仓库

ⓐ 全封闭的收纳盒可以收纳卷纸、抽纸、小电器、医疗日用品等各种零碎物

ⓐ 最下层还可以放三个行李箱，拉上帘子后非常整洁

四、左左脑型的玄关、客厅及阳台收纳

1. 玄关、客厅及阳台整体布局参考

　　客厅作为家人共用的空间，兼顾老人、孩子以及生活整理师徐丹本人的休闲娱乐和阅读需求。由于整面墙储物空间充足，于是徐丹设计了兼具电视柜、书柜和储物柜的多功能背景墙。喜欢阅读的徐丹，一直想拥有一个满是书香的客厅，可以和孩子一起沉浸在阅读中，同时考虑到偶尔来居住的老人喜欢用大屏幕电视观看影视剧，需要保留传统客厅的功能。

　　左左脑型的徐丹在电视背景墙边上做了一个开放式书柜和一个封闭式储物柜，利用木板将书柜和电视柜进行了动静区的分隔：看电视时，左移木板，敞开电视柜；亲子阅读时，右移木板，敞开书柜，隐藏电视，就能静下心来阅读。

⊙ **看电视时，左移木板，敞开电视柜**

Ⓐ 书柜上方为开放柜，摆放着几盆绿植

Ⓐ 放置一个收纳盒，徐丹用来收纳常用的笔记本

Ⓐ 剩下的空间做成封闭式储物柜，另外在客厅还保留了传统的沙发和茶几

　　客厅主要是为亲子陪伴以及家人休闲所用，考虑到活动空间会随着生活不同阶段需求的变化而调整，生活整理师荀子将客厅中固定摆放的沙发和茶几移除，以单人沙发椅、坐垫来替代，使得该区域能随生活需求的变化灵活多变。

　　对喜欢视觉清爽的左左脑型的人而言，不喜欢客厅摆放太多生活用品，希望把这片天地单纯地用于家人的休闲娱乐。如果有物品需要暂时放置在这个区域，比如亲子阅读时用到的书，孩子会从相邻区域的绘本架上拿到客厅来看，看完再放回去，这样可以保持客厅的清爽感。

　　因为对清爽程度在意，所以左左脑型的人是不怕"还原麻烦"的。他们宁愿多走几步路到旁边的区域或其他房间取物品，多几个步骤去还原物品，也绝不会在单纯用来休闲玩耍的客厅留下本不该属于它们的身影。

ⓐ 荀子用单人沙发椅和坐垫替代固定摆放的沙发和茶几

　　客厅的另一边放置有一个集成式置物架。左左脑型的人倾向于对功能合理性运用的设计，这款结构简单、造型简约的置物架让左左脑型的人眼前一亮。

　　置物架代替了以前放在此处的电视柜的储物功能，收纳能力很强，可以收纳全家人在客厅需要用到的物品，并按照功能、使用频率分类摆放，特别符合左左脑型的人的需求。

　　仅在客厅休闲区集中式收纳，这种方式对左左脑型的人来说太友好了。将客厅所需的多种物品集中管理，并且按功能划分物品，在左左脑型的人的日常生活中非常多见。

　　集成式的置物架上面如果没有收纳盒，物品真的是琳琅满目，就会显得"很乱"，这是左左脑型的人绝不能接受的。喜欢"清爽整洁"的左左脑型的人，不会放过任何一个细节。

　　比如，左左脑型的人一定会统一收纳工具的颜色、材质，不会选择冷暖色系交

▲ 荀子家的集成式置物架既可调节层板高度，也可增减层板数量

▲ 荀子置物架上的收纳盒由白色、木色组合而成

叉或跳跃性的色彩。盒子外观不能是全透明的，否则就会觉得"杂乱"，更倾向于选择磨砂材质或不透明的外观。把不同颜色、样式、大小、材质的各类物品用统一视觉化、不透明的盒子装起来，就再合适不过了。即便盒子上不贴任何标签，左左脑型的人也能快速找到他们想要的物品。

2. 玄关、客厅、阳台收纳用品及使用方法

◁ 徐丹家书籍的陈列方式以站立摆放为主

◁ 不常看的书在书柜最上面一层，其余两层是常看的书籍

◁ 白色活动楼梯方便拿取书柜最高处的物品，平时在上面摆放一盆绿植

▷ 收纳盒将同类物品收纳在一起，如药品、口罩等

▷ 徐丹用标签机打印出物品名称，贴在白色的收纳盒上

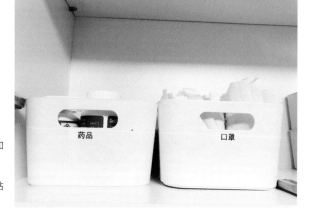

◉ 徐丹把各类笔记本统一放置在文件收纳盒中

◉ 使用非透明材质的文件收纳盒，在文件盒上贴上标
签，便于拿取和及时归位

◉ 集成式置物架荀子以封闭式收纳为主，开放式收纳
为辅

◉ 置物架右半侧的有盖收纳盒或抽屉用来收纳使用频
率不高的物品

◉ 磨砂材质的抽屉盒和白色收纳盒外观清爽

◉ 文字标签利于快速定位所需物品

◉ 荀子用抽屉盒收纳数据线、插头、耳机、充电宝、
运动手环等数码易耗品

◉ 剪刀放在一个开放式的铁艺置物架上

◉ 由于使用频率相当高，荀子没有分类收纳

五、左左脑型的卫生间收纳

1. 卫生间整体布局参考

　　Jenny 家的卫生间面积非常小，装修的时候她也是费了很多心思，为了合理利用每一寸空间，方便家人使用，最终将卫生间做成干湿分离。

　　在收纳规划上，由于空间受限，加上 Jenny 夫妇都是左左脑型，比较喜欢台面少物的收纳方式，除了每天的常用物品外，其他物品尽量上墙或者收进柜子里。当然，有些物品的收纳也要考虑到 Jenny 家孩子（10 岁男孩）的生活习惯和需求。比如，洗发水的收纳地点孩子能否轻松拿到，顺利放回；孩子是否愿意每天开镜柜门取牙刷等，收纳方式要照顾到家中每个人的生活习惯和需求。

◉ 卫生间位于玄关右侧，Jenny 按照功能分成三个部分

◉ 卫生间外部主要用来洗漱、护肤、洗衣等

◉ 洗衣机旁的鞋柜台面上可以收纳一些彩妆用品

◉ 鞋柜右侧有面穿衣镜，Jenny 在这里化妆完就可以直接出门了

◉ Jenny 家卫生间内的空间主要用来洗澡、上厕所

生活整理师潘潘家的卫生间面积不大，仅有 $2m^2$ 多，供一家四口人日常使用。由于后期装修时改成了干湿分区，淋浴区显得格外紧凑。

Ⓐ 马桶为墙排，隔出来的平台潘潘用来放浴巾和香薰等

Ⓐ 纸巾盒和花洒是相同颜色的绿色

Ⓐ 花洒兼备收纳功能并且造型简单

Ⓐ 扇形双层置物架更加符合在小空间使用

Ⓐ 在有限的空间内潘潘设置了清洁区，利用墙面挂扫帚，地漏旁边放置了简约不占空间的可移动免手洗平板拖把，可以直接从手持花洒处接水

Ⓐ 淋浴区的收纳用品和清洁用品在颜色和造型上比较统一

Ⓑ 潘潘的浴室柜是镜柜 + 大水槽 + 可移动拉伸龙头的配置，既可以满足一家四口洗漱用品的收纳，又可以同时供两个人使用

Ⓑ 镜柜和水槽下方具有很强的收纳能力

2. 卫生间收纳用品及使用方法

ⓐ 纸巾收纳盒在镜柜下方凹陷处

ⓐ 乔一利用凹陷处合理隐藏收纳盒本体

ⓐ 粘贴在水龙头旁边的墙上替换方便

ⓐ 白色不透明款式的收纳用品

ⓐ 整齐统一的容器可以去除多余的信息，潘潘只需要
买回来灌装、贴上防水标签

ⓐ 收纳用品包装简洁，突出实际作用

ⓐ 公共区域的用品潘潘在固定位置摆放

ⓐ 半开放式镜柜主要用来收纳护肤品和洗漱用品，
Jenny 将每天要使用的洗漱用品收纳在右侧层板的
最下层

ⓐ 带柜门部分的下层收纳常用护肤品，上层收纳不常
用的护肤品及护理工具

ⓒ 浴室柜左侧 Jenny 主要用来收纳清洁用品

ⓒ 将五颜六色、形状各异的清洁用品包装瓶替换成颜色统一的收
纳罐

ⓒ 柜体上方可以加装一根伸缩杆收纳清洁用品

ⓒ 右侧柜体用来收纳化妆品、清洁用品、充电器以及防疫用品等

ⓒ 用统一的白色收纳盒将物品按照类别进行直立收纳

◉ 两个三角置物架 Jenny 用来收纳洗护用品，下层置物架的安装高度考虑到孩子的使用便利度

◉ 用统一的白色替换瓶收纳常用的洗发用品和沐浴露，贴上文字标签方便拿取

◉ 平时囤的洗护用品收纳在上层置物架

◉ Jenny 将从厨房淘汰的挂钩放在卫生间用来收纳各种清洁刷，防潮的同时很好地利用了墙面空间

◉ 台面 Jenny 用来收纳彩妆用品和常用饰品

◉ 根据彩妆的数量选择适合的化妆品收纳盒

◉ 常戴的饰品用密封袋装好，统一收纳在左侧的小白盒里，回到家后摘下来的饰品则临时放在右侧的托盘上

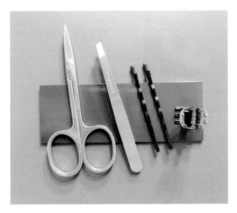

⊙ 镜柜门里侧的引磁贴片 Jenny 用来收纳常用的美妆
工具及发夹等小件物品

⊙ Jenny 使用吹风机收纳架将吹风机直接悬挂收纳在
外面

⊙ 垃圾桶直接放在卫生间的地面上，
底部很容易受潮并发霉，Jenny
利用置物架将垃圾桶上墙收纳

⊙ 各种型号的盆正面朝前摞在一起，
Jenny 使用壁挂挂钩集中收纳，
避免积水渍

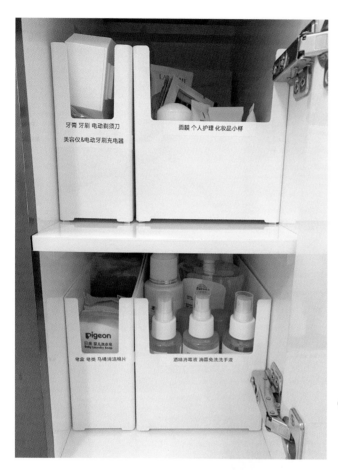

牙膏 牙刷 电动剃须刀
美容仪&电动牙刷充电器

面膜 个人护理 化妆品小样

pigeon

皂盒 皂架 马桶清洁棉片

酒精消毒液 泡沫免洗洗手液

◀ 浴室柜比较深，Jenny 利
用尺寸适宜的收纳盒分门别
类地进行收纳，使用时只需
轻松拉取

▶ Jenny 用透明收纳盒收纳常用护肤
用品，不但视觉上显得清爽，而且可
以很好地起到遮挡防护的作用

◉ 白色纸巾收纳盒粘贴在镜柜底部,使用时直接从底部抽取洁面巾

◉ 洗手液挂钩粘贴在镜柜右侧,常用皂类 Jenny 也上墙收纳

◉ 镜柜内部层板间隔较大,在不改造空间的情况下,Jenny 使用两根伸缩杆收纳面膜、卸妆棉以及护肤品小样等轻物

第三章

右右脑型的收纳
用品及收纳术

一、右右脑型的衣橱及衣帽间收纳

1. 衣橱及衣帽间整体布局参考

　　电电的衣橱布局很简单，衣服能挂就不叠，对右右脑型的人，操作越简单越好！在衣橱的黄金区域挂当季的上装，下装按类型收纳在衣柜下方。因为想"看得见"，电电选择透明的收纳抽屉，这样只要看一眼盒子，就知道里面放的是什么类型的下装。

▶ 在衣橱的最上方，电电用最简单的收纳篮收纳不常背的包和换洗的床上用品

◀ 耿娟的衣帽间左侧顶部用来放置换洗的床上用品，采用可视百纳箱收纳，避免由于长时间不使用忘记物品的位置

◀ 衣帽间右侧中部的两层分别用来放置帽子和包

◀ 衣帽间下部的裤架被拆掉改为横杆，这样可悬挂裤子的数量增加了一倍，四季裤子均可悬挂

◀ 衣帽间左侧中部悬挂耿娟先生的衣服，按薄厚依次排列，一目了然，穿衣时可方便拿取

◀ 衣帽间右侧上部用来收纳不常穿的西装和大衣，不占用黄金位置

右右脑型的人的衣橱收纳方式为一打开柜门，就能立刻看到每件物品的位置，物品分类无须太精细，以大类进行区分即可。如只以"上装""下装"进行大模块的分类，或以"长裤""短裤"这种既简单又方便管理的粗犷型方式分类。

由于右右脑型的人不擅长物归原位，所以黄大王在抽屉上放置了一个开放式的"放过自己"区域，可以让经常拖延的右右脑型的人在不想整理时，先将衣物临时堆放，然后再进行统一的归位整理。

▶ 黄大王把当季、常穿的衣服悬挂在站到衣橱前便能直接够到的地方

▶ 衣橱上方需要踩凳子或踮脚尖才能够到的地方用来存放不常穿或者非当季的衣物，使用带有可视窗的百纳箱

▶ 在弯腰或者需要蹲下的地方，放置一些透明的抽屉

衣橱为定制款，内部结构由右右脑型的生活整理师瑾瑜设计，最大的收纳特点为"无须换季"，使用者的所有衣物均在此，且伸手即取。

右右脑型不擅长做复杂的动作，衣物收纳适合"能挂就不叠"的原则，所以衣橱内的布局以挂衣区为主。右右脑型的人的另一个显著特点是"看不见就忘了"，所以瑾瑜没有在衣橱中设计抽屉，而是用敞口收纳盒收纳功能性衣服和裤子。

衣橱挂衣区下方空间较大，可以放置大号收纳盒或收纳包。有盖的盒子用来收纳不常用的物品，敞口的盒子用来收纳常用的物品。另外，瑾瑜专门为旅行箱设计了一个收纳区域，旅行对瑾瑜来说是一件心动、愉悦又重要的事情。

Ⓐ 瑾瑜的衣橱右侧为上衣 / 短衣区，衣服按照从左至右、由薄到厚的顺序排列，如果厚度相同，则按照颜色由浅到深排列，同色系、类型的衣服放在一起

Ⓐ 衣橱左侧为下衣 / 长衣区，衣服按照从左至右、由短到长的顺序排列，如果长度相同，则按照颜色由浅到深排列，同色系、类型的衣服放在一起

Ⓐ 衣橱右侧下方用来收纳功能性衣物

Ⓐ 衣橱左侧的下衣 / 长衣区用来悬挂衣服，下方收纳裤子

　　右右脑型的人在收纳方面最怕的就是一个"烦"字，能一步到位绝对不想分几步走，对于衣橱收纳的原则自然是能挂就不要叠，能不换季就坚决不换季。为此，王瑜要打造一个可以收纳不换季且不用叠衣服的衣橱。

　　首先，王瑜确定衣橱中需要放置的物品为：一年四季的衣服＋床上用品＋围巾、帽子等小配饰。两个衣橱，一个自己用，一个先生用，做到使用者分离，互不干涉。

　　王瑜的衣服长款居多，需要衣橱中有挂长款衣服的空间，其余布局可以以收纳短款衣服为主。

 王瑜的衣橱左侧以挂秋冬季衣服为主，右侧以挂夏季衣服为主，除毛衣外的所有短款衣服全部可以悬挂

 毛衣、打底衫等收纳在抽屉中

 王瑜老公的衣橱左侧下方的挂杆用来收纳衣服及裤子

 衣橱悬挂处的底部多出的一小部分空间可以根据需求，存放春秋季床上用品、帽子、围巾等一系列衣物以外的物品

 冬季的床上用品放入百纳箱，放在柜顶收纳。

小艾在从事生活整理师这一职业后，决定改造家里原有衣橱的布局。原有衣橱过大且占空间，使用效果不尽如人意。在与家人商量后，小艾决定以最低的成本和最小的污染来改造原有衣橱的空间。

什么样的衣橱空间才符合小艾当下的需求呢？小艾是右右脑型，先生是左右脑型，快捷、省力、全部可见的方式才是他们最想要的。他们最终选择了隔板＋衣杆为主要的收纳方式，在衣橱门的选择上也没有选择传统的定制门，而是采用一拉即开的帘子，使用尤为方便。

小艾的衣橱顶部用来收纳换季的棉被、孩子的纪念衣物以及不常用的包，衣橱左侧区域为收纳先生物品的区域，一年四季的所有衣服全部悬挂在外，虽然他很不擅长收纳，但采用悬挂且一眼可见的方式，找衣服或收衣服就完全可以自己解决了。衣橱右侧是小艾的区域，因为压缩了衣橱的空间，所以需要将少量衣服进行换季收纳，当季的衣物全部采用悬挂的方式，底部的收纳盒用来收纳家居小件物品以及换季衣物。

⏶ 小艾的衣橱采用拉帘代替柜门

⏶ 改造前小艾的衣橱布局

⏶ 改造后小艾的衣橱布局

2. 衣橱、衣帽间收纳用品及使用方法

　　对于平时很爱戴帽子的电电而言，帽子的收纳自然是很重要的。电电曾经考虑过使用抽屉收纳帽子，但还是因为需要过多的动作取放而打消了这个念头。

▶ 上面层板电电用来摆放
常用的包和不常用的
礼帽

▶ 下方位置是可以叠加的
帽子架，帽子按颜色进
行摆放

▲ 耿娟在抽屉中收纳不怕折痕的衣物，如家居服、健
身服以及秋衣、秋裤等

▲ 根据衣物的大小选择合适尺寸的分隔盒，将上衣、
裤子、袜子进行简单分类，收纳时采用直立折叠的
方式

▶ 衣物能悬挂的优先悬挂，耿娟选用干湿两用衣架，
晾晒完可以直接放回衣柜

Ⓐ 黄大王在抽屉上方放置一个开放式的收纳盒，冬天保暖三件套——帽子、围巾、手套分隔摆放

Ⓐ 围巾折叠成矩形后竖直摆放

Ⓐ 帽子采用叠放的方式，保证叠放数量在4个左右为最佳，方便拿取也利于保持整齐

Ⓐ 黄大王的袜子分为长袜和短袜两个大类，分别收纳进行区分

Ⓐ 黄大王用有可视窗的百纳箱存放不常穿的衣物、非当季的衣物和不常用的床品

Ⓐ 鹅形裤架相较于普通衣架，黄大王只需要将裤子搭上去，即可完成裤子的完整收纳动作

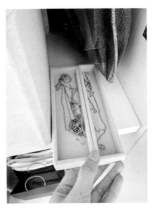

⊙ 最常用的 3 件饰品瑾瑜用敞口的
饰品收纳盒收纳在衣橱内上衣 /
短衣区的层板上

⊙ 黄大王将开放式的布艺收纳盒作
为流通衣物的临时放置区

⊙ 透明抽屉方便看清里面的物品，
可以快速定位拿取，也可快速
放回

⊙ 黄大王选用不同尺寸的透明抽
屉，便于更好地进行一步到位的
大类收纳

⊙ 围巾、丝巾、毛线帽、手套、腰
带等配饰瑾瑜使用网眼可视插袋
式收纳带，挂在挂衣杆上

⊙ 瑾瑜将常用的包精简到 5 只左
右，收纳在与衣橱空间匹配的大
号收纳箱里，不盖盖子

⊙ 将非当季使用的包套上防尘袋

⊙ 当季在穿的、无须清洗的衣物悬
挂在简易衣架上，按照下装、长
衣、短上衣的顺序从左至右排列

⊙ 瑾瑜在衣架下面的层板右侧放了
一个脏衣篮，暂时存放需要清洗
的衣物，左侧放当季在用的包

ⓐ 瑾瑜的睡衣收纳在床头柜里的一个藤编、内衬为布
　艺的敞口收纳筐里

ⓐ 冬天的围巾、帽子瑾瑜直立收纳在收纳盒中

ⓐ 小艾将当季常穿的裤子用鹅形裤架挂放

ⓒ 王瑜将丝巾以及皮带分别直立放入两个分隔收纳
　盒中

▲ 换季裤子小艾采用叠放的方式收纳在斗柜里

▲ 小艾用单夹收纳帽子

▲ 短裤对折之后小艾用单夹挂放

▲ 换季衣物无须折叠，小艾直接平铺收纳在底部的抽屉盒内

⊙ 床品小艾直立收纳在 44cm×55cm× 30cm 的抽屉盒内

⊙ 极少使用的围巾和滑雪手套小艾使用折叠收纳

⊙ 根据悬挂衣物的长短，小艾在抽屉盒顶部空余空间直接摆放正在使用的包

⊙ 当抽屉内没有匹配分隔盒时，较大件衣物能够靠相互支撑直立摆放

⊙ 小艾将袜子稍微团在一起直接摆在收纳盒里

⊙ 收纳盒宽度大小不一，更方便分类收纳

二、右右脑型的厨房及餐厅收纳

1. 厨房及餐厅整体布局参考

　　餐厅风格为原木简约风，原木色系的家具搭配白色墙体让整体空间显得干净整洁，黑色桌椅作为餐厅主体部分，打破了一成不变的风格搭配。

　　喜欢丰富色彩的生活整理师 Kernel 在餐厅的软装修上用了不少心思。绿色的椅垫和桌旗与墙面上的绿植装饰画呼应，桌面的装饰也是"原木色 + 绿色"搭配，盘内摆放的加工过的松果散发着阵阵森林的气息，而墙上的红色钟表成为"万草丛中一点红"，透露着右右脑型的人的小俏皮。

⬆ 靠墙柜体 Kernel 全部采用开放式设计，柜体两边不对称，左边三角形柜上摆放纸巾、笔筒、小装饰物等

⬆ 右边餐柜主要用来存放一些干货以及米、面等食材，收纳罐为透明质体

耿娟的厨房空间不大，在整体布局上主要依据就近原则、上墙收纳原则、一物多用原则。

▶ 左侧为炒菜区，常用的锅耿娟放在灶具上或灶具下方的抽屉中，炒菜时需要临时放置的锅盖、调料等放在右侧

▶ 备菜区物品尽量悬挂，给砧板预留位置，砧板收纳在右侧墙面上

▶ 上侧柜子中收纳各种干货、米豆和调料，使用统一的收纳工具，碗和盘根据使用人数控制数量

瑾瑜 U 形的厨房面积只有 $4m^2$，于是她在餐厅做了一整面墙的餐边柜用来补充收纳空间。虽然厨房有推拉门，但两个空间是连在一起规划使用的。这样餐边柜 + 冰箱就成了"收纳区"，厨房从左至右依次为"西厨区""清洗区""准备区""烹饪区"，形成"一个圈"动线。

◀ 餐边柜的上半部分瑾瑜用来收纳颜值很高的锅具，属于展示区

◀ 下半部分的柜子用来收纳不常用的锅具、备用炊具以及储备的干货食材

◀ 厨房内"西厨区"下方的柜子嵌入了蒸烤一体机，下面的抽屉和旁边的柜子用来收纳烘焙用品

◀ 上方的柜子里用来收纳不常用的小工具和分装出来的粮食、干货等食材

⊙ 每日都要用的炊具、餐具、菜板、清洗用具和调料瑾瑜摆放在台面上

⊙ "清洗区"水池下方的橱柜用来收纳不常用的清洗工具

⊙ "准备区"下方的橱柜用来收纳备用调料和不常用的调料，三层抽屉由上至下分别收纳食品袋、保鲜膜、锡纸，
　客用餐具，不常用的餐具、保鲜盒等

⊙ "烹饪区"下方的橱柜用来收纳常用锅具，一字排开；上方的橱柜用来收纳备用清洁小工具和不常用的餐垫、
　围裙、隔热手套等杂物

　　面条的厨房整体布局考虑的要点是操作的动线，从洗菜到备菜再到炒菜一条龙
作业，减少操作时的来回走动，提高厨房空间的使用效率，当家庭成员齐上阵的时
候，也能够做到各自分区，流水线化配合劳动。

▷ 冰箱放在操作"流水线"的一端，面条一方面考虑从冰箱拿
　出的食材除了需要送到水池清洗，也可能会直接送进烤箱；
　另一方面考虑这个位置离门口近，平时进厨房拿冰饮料之类
　的物品比较方便

▷ 在炒菜作业区域对面的墙上，一字排开悬挂围裙、手套和
　葱、姜等食材

对于右右脑型的人，"展示"的收纳方式并不会引发困扰或者焦虑，也不会因为台面上物品杂乱而心烦意乱，在"每次使用前先拿出来"和"物品外露，随手使用"之间，会毫不犹豫地选择物品外露的方式，方便使用时一步到位。

同理，"上墙"也是右右脑型的人非常喜爱的收纳方法，工具上墙，用的时候才不会找不到，用完了也不必费心思考如何还原，随手就能归位。

◉ 面条将最常用的炒锅、汤锅、电饭煲直接放在台面上

◉ 各个区域要用到的辅助物品，比如刀具、饭勺等在操作区域就近摆放

◉ 油、盐、酱、醋等零碎物品都收纳到灶台下方的柜子里

大家看到下面这幅图可能会觉得奇怪，这是厨房吗？其实这不是严格意义上的厨房，在一个建筑面积仅 $30m^2$ 左右的小 loft 公寓中，柜子小小的身板承受了太多，它既是厨房柜、储物柜，又是玄关。如何能将厨房设计得既实用又美观，同时对右右脑型的人比较友好直观呢？生活整理师原戈着实下了一番功夫。

◉ 壁柜上方透明的收纳盒原戈用来收纳杂粮面食、冲泡早餐和咖啡粉，白色收纳盒收纳零食放在壁柜的最上方

◉ 桌面上只保留了每天都会使用的小家电，煮锅因为使用频率不高放在了地柜的最下方

◉ 左侧墙面上既有小装饰画，还有纸巾和擦手巾，小小的壁挂收纳篮内放置了进出门需要的电梯卡和房卡

◉ 地柜左下方收纳既有牛奶、鸡蛋、蔬果等常规食材，又有公寓必配的消防器材，此处设计了个帘子做隔挡

◉ 地柜右下方为开放式收纳，第一排是方便拿取的碗、碟、杯，第二排是卫生清洁用品，第三排是不常用的锅

2.厨房、餐厅收纳用品及使用方法

⊛ 冰箱里的物品耿娟在收纳时选择使用透明的密封盒和密封袋，可以减少串味，保持食物的新鲜度

⊛ 餐桌旁的餐边柜耿娟用来收纳与日常吃喝相关的物品，透过玻璃门可以直接看到内部物品

⊛ 小水吧抽屉用来收纳茶叶、咖啡和药品等，上层储存日常使用频率高的保健品、奶粉、蜂蜜、杯子和茶具，右下方的柜子收纳各种零食

⊛ 耿娟使用墙面收纳空间，统一收纳工具可以增加美感，贴上标签方便快速辨认拿取

⚐ 厨房清洁用品包括百洁布、洗碗棉、抹布和其他杂物，如餐垫、隔热手套等，大致分成两类，瑾瑜用折叠过的牛皮纸袋直立式收纳

⚐ 兼具高颜值和功能性的锅具瑾瑜放在餐边柜里，属于展示型收纳

⚐ 颜值高的锅具或餐具即使放在橱柜里，也属于展示型收纳

⚐ 瑾瑜用可拆装的层板将空间分割开，可以提高利用率

⚐ 瑾瑜将常用炊具挂在墙上，按长短排列，方便拿取

⚐ 可以将干货如木耳、粉丝和粮食类食材去掉包装，用统一的透明收纳盒收纳

⚐ 常用餐具分类插在餐具筒里，放在橱柜台面上

⚐ 瑾瑜将不常用的餐具按照形状、长短分类，用分隔盒收纳在抽屉里

Ⓐ 面条将缝隙收纳柜用于收纳垃圾袋、一次性抹布等零碎物品，按照上轻下重的原则收纳

Ⓐ 冰箱侧面磁吸收纳盒面条用来收纳保鲜膜、保鲜袋、开瓶器、锡纸等

Ⓐ 转角挂钩可以避免墙体不规则的尴尬，充分利用空间，面条创造出一个小小的工具角

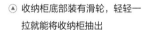

Ⓐ 收纳柜底部装有滑轮，轻轻一拉就能将收纳柜抽出

Ⓐ 水槽下置物架的层板可以灵活调整，避开水管

Ⓐ 面条利用置物架将水槽下不规则的空间整理成规整的两层，按就近原则摆放洗菜、清洁时需要用的工具，剩余空间收纳不常用的锅具

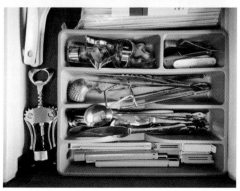

Ⓐ 面条使用宜家的收纳盒将不常用的小工具大致分类后收入抽屉，要注意尽量使抽屉填满一些

▲ 挂杆和 S 形挂钩的组合面条不仅用于收纳各类工具，生姜、大蒜也可以配合网兜挂起来

▶ 面条选择可以直立摆放的工具，使用完毕随手一放就完成了收纳

◀ 带分隔的收纳盒面条用来收纳小瓶的调味料，俯瞰可以轻松找到所需，自带的分隔可以区分常用和不常用调料，还能防止瓶子翻倒

◀ 自带轮子的收纳盒适用于厨房低层柜子，收纳盒顶部有把手，面条不需要过度弯腰就能轻松抽出盒子

▲ 沥水架无须打孔，面条将其直接贴在水槽内壁，洗碗之后顺手就可以把海绵放进去

▲ 立体空间的利用原戈有主次层次之分，既有让心情舒爽的装饰品招财猫，又有带实用功能的装饰品毛巾架，还有勤勤恳恳发挥自己朴实功能的上墙铁丝网格

◉ 原戈厨房小篮子里装有进出门用的
物品，如手表、门卡和电梯卡，也
有消杀卫生用品，如酒精、凝胶和
纸巾

◉ 原戈用伸缩杆将壁柜打造成两层楼

◉ "一楼"使用透明收纳盒存放日常简
单早餐，少量米面和茶包、咖啡

◉ 拿取"二楼"物品时手臂需要伸长
些，特别使用了白色收纳盒给零食
的拿取制造困难

◉ 抽屉内是原戈经大浪淘沙保留下来
的餐具、食品袋以及一些常用工具，
如食品夹、食品秤

◉ 此处离门近，还收纳了一些口罩以
备出门之需

◂ 左下方的"厢房"物品杂乱，原戈
　使用伸缩杆、浴帘配件以及好看的
　帘子打造了一个遮挡

◂ 原戈食材仓库中吃得较快的在前方，
　低频食用的干货在后面，最里面是
　消防用品

◂ 地柜右下方的开放式收纳标签原戈
　直接贴在了隔板上，这样无须弯腰，
　站在地柜前便可拿取物品

三、右右脑型的书房收纳

1. 书房整体布局参考

耿娟书柜的设计有藏有露，方便使用并且整洁度高，放书的部分均采用开放格，方便快速拿取，可以增加看书的频率，毕竟一开一关柜门，会损耗看书的热情。

▶ 书柜下面两层收纳孩子的书，中层收纳耿娟的书，上层收纳耿娟先生的书，顶部收纳不常用的书籍资料及纪念物品

▶ 文件资料统一收纳在书柜右侧部分，根据类别的不同使用文件袋加文件盒的方式收纳，贴上标签方便快速查找

对右右脑型的人，采用开放式收纳更有利于拿取和保持整齐。在站立时伸手就能拿到物品的"黄金区域"，黄大王放置自己喜欢的书籍和常用防护消毒用品，如口罩、酒精棉，一目了然，且方便拿取。

◉ 桌面旁边放置常用物品，随手即拿

◉ 需要踮脚或椅子辅助才能够到的地方，放置不常用的文件，如毕业证书、合同等，用不同颜色的收纳盒进行区分，并贴上标签

◉ 需要弯腰的下方区域黄大王放置偶尔使用的物品，如药品、蒸汽熨斗等，或备份存货

　　在楼梯的拐角处之前放的是冰箱，动线不合理且浪费空间，经生活整理师叶丹调整，改为敞开式小书房。收纳以"高效办公"为主要目的，所有物品一目了然、易拿取且易归位。

⊛ 叶丹的小书房有高、低两张桌子

⊛ 叶丹小书房的主要储物功能由书架和高桌子下面的空间来承载

⊛ 书架的色彩以及材质和全屋风格保持一致，以自然的棉麻、竹藤、木为主

2. 书房收纳用品及使用方法

⊛ 日常高频使用的物品 Bracy 采用开放式收纳的方法放在桌面上

⊛ 三层分隔书挡可以满足物品竖立摆放的需求，除了 Bracy 的日常书籍外，像 iPad 等平板式电子产品也能够很好地进行竖立摆放

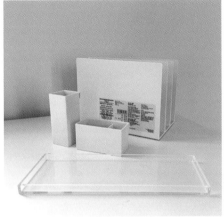

Ⓐ 在书挡外侧 Bracy 通过悬挂分隔收纳盒的方式增加可利用的空间

Ⓐ 白色及透明的收纳工具可以减少由于物品繁杂带来的干扰

Ⓐ 分隔收纳盒可以收纳常用的文具，比如，铅笔、彩笔、尺子、便利贴等

Ⓐ Bracy 的收纳工具主要为 MUJI 聚苯乙烯分隔架、MUJI ABS 树脂桌面分隔盒、MUJI 亚克力桌面收纳托盘

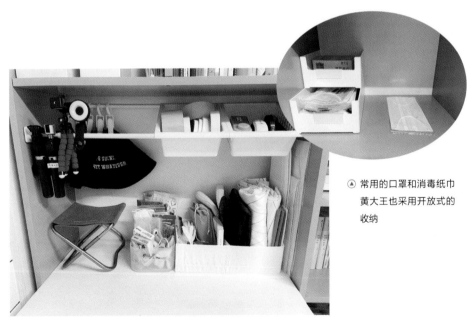

Ⓐ 常用的口罩和消毒纸巾黄大王也采用开放式的收纳

Ⓐ 家庭常用物品、外出常用物品以及上门整理常用物品，黄大王统一集中收纳在最方便拿取的位置

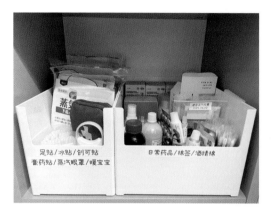

⊛ 黄大王的日常药品统一放在一个开放式的盒子中

⊛ 一系列与"贴"有关的物品放在一起

⊛ 带有图案的收纳箱子更能调动黄大王整理收纳的积极性，也能更好地区分物品种类

⊛ 伸缩杆搭配收纳篮可以很好地切割垂直空间，让垂直区域更好地被利用

⊛ 在收纳篮中黄大王按照大类对日常用品进行分类

ⓐ 黄大王将伸缩杆搭配挂钩使用，可以使帽子一目
了然

ⓐ 伸缩杆适用于直接挂一些形状奇怪的常
用物品，黄大王出门时常用的拍摄类工
具可以直接挂在或夹在上边

ⓐ 瑾瑜三扇门的柜子为储物柜，存放超过日常用量的日用品，如纸巾、湿巾、纸袋、衣架以及集中收纳的装饰品

ⓐ 书柜上半部分玻璃门内收纳图书，摆有少量装饰品。下半部分采用封闭式柜门，收纳文具、画材、电子产品
等与阅读、学习相关的杂物

ⓐ 大书桌可根据需要随时调整位置，临窗但不靠墙摆放，光线充足，视野开阔

ⓐ 桌上只放置一盒纸巾，一筒常用文具，尽量保持整洁

◁ 书柜没有柜门的 4 格空间中，瑾瑜
用敞口收纳盒收纳常用的手账用品，
用好看、封闭式的收纳盒收纳不常
用的物品

◁ 瑾瑜用碗架直立收纳常用手账本

◉ 文具、电子产品、绘画和书法用品瑾瑜按常用和不常用分类

◉ 常用的物品收纳在敞口收纳盒中，不常用的物品收纳在有盖的收纳盒中，并且用便利贴标注

ⓐ 离桌面最近的区域叶丹放置的是常用的书籍

ⓐ 各种数据线、文件都放置在黄金区

ⓐ 叶丹书房长桌下方最左边摆放水桶，电源插板、纸张回收盒和电风扇靠右摆放

ⓐ 平常用拉帘遮挡，视觉上具有整体性、不杂乱

▶ 叶丹的直播补光灯、S 形挂钩
　　本身就具有夹和挂的功能

◀ 与饮水、休息相关的物品，如
　　杯垫、纸巾、保健食品、牙线
　　等叶丹就近放置在桌面的收纳
　　筐中

ⓐ 不常喝的茶叶叶丹用半透明、带把手的收纳盒收纳　　ⓐ 需要外带的文具叶丹用磨砂半透明的笔盒集中收纳
后放置在书架最顶层

ⓐ 不需要经常移动的藏品放在书架的最上层

ⓐ 数据线作为常用物品，量多且种类复杂，叶丹用 S　　ⓐ 打火机叶丹统一收纳在一个纸杯中，藏在书架上的
形挂钩分类悬挂，不易缠绕　　　　　　　　　　　　　书后面

ⓒ 水桶收纳在桌子底下，叶丹用拉帘
遮挡

ⓒ 买咖啡时自带的收纳盒是半敞开式的

四、右右脑型的玄关、客厅以及阳台收纳

1. 玄关、客厅以及阳台整体布局参考

耿娟的孩子 4 岁多，主要的活动空间在客厅，组合柜用于增加收纳空间。

Ⓐ 组合柜的四个格子耿娟用来放玩具，统一收纳盒可以增加整齐度，收纳玩具的盒子选用轻便材质

Ⓐ 电视下方收纳绘画以及阅读需要的材料

Ⓐ 带柜门的地方收纳了一些琐碎的物品

客厅是李娜最愿意停留和感到愉悦的地方。当初李娜和先生对客厅充满了美好的期望，"我就想坐在靠窗的沙发上晒着午后的太阳看书，感到疲乏时，眺望不远处公园的四季景色变换，从郁郁葱葱到飘飘悠悠""与家人和挚友享受品茗的快乐时光""在繁忙的工作之余躺平看影视、听音乐""让客厅有属于我们的 style"，同时希望客厅布局容易清扫并减少家务量。

⊛ 客厅李娜没有放置过多的家具，收纳的物品只与活动相关，所有物品的摆放一目了然，且动线最短

2. 玄关、客厅以及阳台收纳用品及使用方法

◁ 电视柜下方的中间抽屉李娜用来收纳
　 家里常用的工具

◁ 收纳用品通过废物利用，使用手机包
　 装盒、礼品包装盒巩固分类

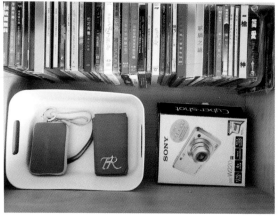

◁ 碟片李娜直立放置在电视柜下方的抽
　 屉里

◁ 在碟片前方的空余位置使用杂物收纳
　 盒收纳曾经的纪念品——相机和自拍
　 神器

ⓐ 经常在客厅使用的精油、电池、棉签、指甲剪、小剪
刀等物品，李娜使用抽屉分隔盒收纳

ⓒ 李娜把茶具放置在茶几抽屉里，自由组合的抽屉分
隔板把主泡具和品茗杯按形状大小进行分类和分隔

ⓐ 阴凉、通风、干燥、无异味是茶叶最基本的收纳条件

ⓐ 李娜用两个不同颜色的藤编收纳篮区分茶叶的种类，深色收纳篮收纳普洱生茶，浅色收纳篮收纳熟茶、白茶
和玻璃瓶装的绿茶

五、右右脑型的卧室收纳

1. 卧室整体布局参考

卧室承担了瑾瑜睡眠、收纳、写手账和夜读的功能。

ⓐ 1.5 米的床瑾瑜居中放置

ⓐ 右侧为床头柜，柜子上放一盏台灯、一盒纸巾、一个眼镜盒，
还有护手霜、润唇膏、眼罩等助眠物品

ⓐ 柜子里收纳小型按摩器、睡衣、少量书籍、电子阅读器，以
便于睡眠和夜读

ⓐ 床的左侧是一张小书桌，上面放一盏台灯和一筒常用笔，抽
屉里收纳手账本、iPad 和常用充电器，以便于每日写手账和
看电影娱乐放松

ⓐ 飘窗下面摆放定制储物柜，从左至右分别收纳一个小号旅行
箱和出行用品，非当季穿的鞋子，暂时存放筛选出来待处理
的物品

ⓐ 瑾瑜卧室进门右侧为衣柜，收纳
清洗过的衣服、饰品、备用床品
和包

ⓐ 房门正对面是一个简易衣架，悬
挂当季在穿、尚未清洗的次净衣、
常用的包以及一个脏衣篮

ⓐ 衣架旁边飘窗上的收纳筐里是家
居服

2. 卧室收纳用品及使用方法

◁ 边柜的收纳兼顾存储和展示两个功能，Bracy 通过对书籍和摆件的集中收纳，呈现出多元的表达方式

◁ Bracy 用开放式收纳篮给物品分类，采用分大类、直接可视、伸手可取的原则

◁ Bracy 使用半透明的文具收纳盒，可以看到物品的类别和形状

⊙ Bracy 利用分隔收纳盒进一步对琐碎物品进行分类

⊙ 文件盒不仅可以用来收纳文件，也集中收纳一些使用低频、需求少的物品

◉ 化妆品、护肤品按功能和形状收纳在对应的盒子里

◉ 电电使用全透明的亚克力化妆品收纳盒，可以高效完成化妆

◉ 电电将口红按品牌摆放在透明口红收纳盒里

六、右右脑型的卫生间及浴室收纳

1. 卫生间及浴室整体布局参考

◀ 孟孟的卫生间镜柜按家庭成员区分洗漱用品存放区域，孩子的物品放在下层方便拿取，小电器和彩妆都在柜子里，防止台面物品堆积

2. 卫生间、浴室收纳用品及使用方法

◀ 个人清洁、护理用品和化妆品日常使用率最高

◀ 口红、化妆刷等小物品瑾瑜使用透明敞口收纳盒和刷筒收纳

◀ 其余物品不使用收纳用品

七、右右脑型的储物间及仓库收纳

1. 储物间及仓库整体布局参考

耿娟的储物间收纳的物品主要是仓储物品（纸品）、烘焙食材以及工具等，层板的设计配合收纳工具会使物品更整齐且拿取方便。

▶ 格子图案收纳盒的下方有轮子，耿娟用来放置较重的物品，纯白色的收纳盒放置较轻的物品

▶ 顶部收纳不常用的物品，上部收纳囤货纸品

▶ 烤箱右侧的层板收纳烘焙相关的物品，最下方收纳工具，比如，电钻、工具箱

谨瑜的储物柜安置在书房门背后，占据一整面墙，内部有可调节高度的层板。物品按大类收纳于柜内的不同区域，不使用专门的收纳用品，大件物品直接放置，小件物品用纸袋、纸盒收纳。物品全部呈现出来，可以使我们对持有量有清晰的认识，亦可快速找寻、拿取。

▶ 储物柜左侧上方有两个收纳袋用来收纳备用或客用毛巾

▶ 左侧两层的层板高度较高，瑾瑜用来收纳较长的物品，下面收纳如瑜伽垫、羽毛球拍等运动物品；上面收纳如纸卷、手持吸尘器、加湿器等家居用品

▶ 小物品用纸袋简单收纳，并挂在挂衣杆上，有效利用垂直空间

▶ 储物柜右侧层板由上至下分别收纳预备赠送客户和学员的礼物，家居装饰物，囤的各类纸巾、湿巾，大小不一的储物盒子，上门整理服务和讲授整理课所需的物品，大小不一可以用作收纳用品的纸袋和挂钩、插排等

对电脑配件的收纳王瑜是花了一番心思的。这些物品平时不常用，但使用的时候还都要用到。收纳难点在于：一是种类繁杂，二是大小迥异，三是要便于取放。

如电脑主要配件可分为硬盘、内存、CPU、电池等。至于硬盘是普通的还是SSD的，内存是二代、三代还是四代，无须再做区分，使用的时候寻找即可。

分类完成之后，可以根据物品的大小寻找适合的收纳工具。右右脑型的人只需要使用透明或者敞口式的收纳工具，千万不要使用"隐秘性"太强的收纳工具，因为"看不见即为不存在"。右右脑型的人还有一个特点是绝对不会浪费可以利用的空间。

▶ 王瑜收纳电脑配件时按照柜体结构分为四个区域，从上到下依次为：线类、主要配件类、装机工具类、机箱键盘类

2. 储物间、仓库收纳用品及使用方法

◉ 各类数据线王瑜按类别分类，贴上标签

◉ 三层置物架的每一层都能当抽屉拉出

◉ 电脑配件需要密封保存，王瑜的硬盘有
　专用的硬盘盒，电源放入收纳箱，内存
　条的收纳盒尺寸适宜

◉ 收纳时将电脑主板包装盒去除，但不可
　以叠加存放，应直立摆放，王瑜用分隔
　架按照所需宽度进行分隔

八、右右脑型的儿童房及亲子收纳

1. 儿童房整体布局

考虑到孩子的身高，耿娟将衣橱左侧的一块层板拆除并改成了挂杆，这样衣橱下方两个挂杆上的衣服孩子自己就可以拿取，换季时再把衣物位置上下调整。

- ▶ 衣橱左侧的收纳盒耿娟用来收纳无须每天换洗的家居服，上方的两个百纳箱用来收纳冬季的厚衣服以及换洗床品
- ▶ 衣橱上层的抽屉收纳家居服、秋衣、秋裤、内裤和袜子，通过分隔盒来分类收纳，衣物均采用直立折叠的方式
- ▶ 衣橱下层的抽屉收纳一年四季穿的裤子，通过分隔盒来分类收纳

耿娟家的儿童房面积不大，床带抽屉储物功能，常玩的玩具放在客厅，不常玩的玩具可定期和客厅的玩具替换，增加孩子的新鲜感。

- ◀ 孩子的玩具收纳耿娟以大收纳盒为主，同一类别的玩具，比如玩具车，统一收纳在一个收纳盒中
- ◀ 床的最右侧抽屉收纳孩子的作品，以存储空间来限制存储量

2. 儿童房收纳用品及使用方法

▶ Bracy 认为带分隔的收纳盒可以帮助孩子筛选出喜欢的物品、区分同类别的物品、有序摆放需要呈现的物品

◀ Bracy 选用透明的 MUJI
聚丙烯膜分隔盒帮助孩子
更容易地分类物品

◉ 对细碎的物品，比如乐高，Bracy 利用宜家的分装袋进行分类收纳

◉ 透明的袋子便于识别里面的物品，材质软且轻薄，便于独立拿取

▶ "折叠"是收纳中物品摆放的一种方式，在抚平、折叠、摆放等一系列动作中，Bracy 培养孩子的耐心及责任心

◉ Bracy 采用平铺堆叠的方式将毛巾和洗手液一起放在不锈钢收纳篮中

第四章

左右脑型的收纳用品及收纳术

一、左右脑型的衣橱及衣帽间收纳

1. 衣橱及衣帽间整体布局参考

这是一组 2m 宽、0.6m 深、2.4m 高的衣柜，推拉门结构。这套衣柜由生活整理师孙红羽和妈妈两个人共用，为了保证各自独立管理又方便使用，规划布局时采用以下原则。

第一，公共用品集中收纳，如床品（床单、被罩），换季被子，毛巾等。

第二，上装类衣物尽量悬挂收纳，方便查找，按人分区。

第三，易产生褶皱的下装悬挂收纳，其他下装和运动装采用直立折叠的方式收纳到抽屉中（上下两层各配置两个抽屉）。

第四，衣柜右侧是短衣区，上半部分为妈妈的上装挂衣区，下半部分为孙红羽的上装挂衣区，两个区域都各自配置了收纳抽屉，用于收纳下装，同时还配置了布艺收纳盒用来收纳内衣、袜子等小件物品，这样每个人都可以在一个固定的区域内拿取大部分衣物。

第五，不多的几个换季帽子被集中叠放在一起，收纳到右侧抽屉上方。当季的帽子收纳在玄关处。

第六，因为家里的玄关处没有挂衣空间，所以衣柜内预留了一个次净衣区（最左侧中长款挂衣区），已穿过且不需要清洗的外衣都收纳在这个区域，实现外衣和内衣隔离。

第七，不多的几个备用包用收纳袋装好，收纳在次净衣挂衣区的下方，常用的一两个包收纳在玄关处，通过定期轮换实现两个空间交替收纳。

第八，左侧最下方的两个抽屉分别用来收纳内衣和袜子等小件备用品。

▲ 孙红羽衣橱右侧布局

▶ 孙红羽衣橱左侧布局

　　衣橱的布局是按使用人、功能、使用频率分区的，收纳策略是直观可见、方便取拿。常用物品的收纳尽量要可视化，使大家一眼就能看到所有衣物。

　　左右脑型的生活整理师郭培经过思考，确定了衣橱需要承担的五个功能——衣物存储、床品存储、绘本存储、上门物品存储以及床头柜功能。郭培根据自己的直觉和动线，将衣橱的右半侧设计为衣物、上门物品存储和床头柜功能区，将衣橱的左半侧设计为床品和绘本存储区，将换季衣物收纳在顶柜。

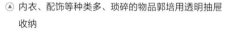

ⓐ 内衣、配饰等种类多、琐碎的物品郭培用透明抽屉收纳

ⓐ 衣橱下面的三个大抽屉用来收纳上门物品，上面的六个小抽屉用来收纳郭培和孩子的内衣、配饰，中间的抽屉承担了床头柜的功能

ⓐ 抽屉的台面摆放感应小夜灯、水、书等睡前物品

ⓐ 衣橱上方的挂衣区用来收纳郭培当季的衣服，干净的衣服靠左侧挂，次净衣靠右侧挂

ⓐ 下方的挂衣区用来收纳 3 岁孩子的当季衣服

ⓐ 北方冬天盖的被子郭培叠好放在衣橱下方挂衣区

ⓐ 厚盖毯和包可以直接放在格子里

ⓐ 换洗的床品和帽子分别放在两个收纳盒里

ⓐ 孩子睡前读的绘本放在高度合适的扇形隔板上，用一盒不常看的绘本充当书立

　　主卧衣橱分为三个空间，分别用来存放生活整理师苏苏和其先生的衣服以及床品。衣柜顶层用百纳箱分别收纳两个人的换季衣物、床品以及帽子、围巾等小件配饰。

　　因为苏苏本人比较懒，不爱叠衣服（是的，不是所有整理师都爱叠衣服的），所以在衣橱设计阶段就果断取消了叠放区，中间的收纳黄金区域采用悬挂收纳的方式，其余空间使用收纳抽屉，空间利用率更高，而且比衣橱层板的造价低很多。

⊛ 苏苏的衣橱在里侧，用床品区的抽屉收纳女士内衣

⊛ 先生的衣橱在外侧，内衣和袜子使用小号抽屉收纳在衣橱悬挂区的下方

⊛ 行李箱和背包收纳在男士衣橱下方，先生出差的时候即拿即走

　　左右脑型的人是理性输入、感性输出，非常注重个人感受，他们一定要找到符合自己感受的"那一种"收纳方法，才可以做好归位、整理的工作，否则物品全部会被乱七八糟地放在外面。

　　生活整理师央措的小家有四位成员：先生、大女儿、小女儿和央措。四个人里面有三个是女生，而且非常巧的是三个女生都是左右脑型。可以说，央措常年饱受混乱之苦，但是在学习了 CALO 的整理理念，尤其是学到了脑型以及对应的整理解决方案后茅塞顿开。原来重要的是选择适合自己的收纳方案，抛掉对错和好坏这样的常规想法。

　　于是央措对衣橱的布局进行了重新设计。她的目标并不是使物品更整齐好看，而是收纳更轻松。

ⓐ 央措百分之八十的衣物采用悬挂收纳，少部分不常　　ⓐ 央措采用上下双衣杆设计，较低的衣杆方便孩子们
　用和换季的衣物采用折叠收纳　　　　　　　　　　　　拿取每日要穿的校服

2. 衣橱、衣帽间收纳用品及使用方法

▶ 衣服和裤子央措采用悬挂的方式进行收
　纳，用裤夹挂在衣橱里

ⓐ 央措用衣橱里的敞开式收纳盒收纳孩子　　ⓐ 央措自己衣橱里的敞开式收纳盒用来
　　玩游戏时穿的唐装和冬天经常要用到的　　　收纳常用家居服
　　小兔子暖水袋

▶ 央措悬挂收纳颜色丰富多彩的衣服

◀ 宋小宇用抽屉外壳竖直
　收纳未开封的衬衣等，
　既利用了抽屉的深度和
　衣橱的竖直空间，又能
　将旁边的衬衣、西装进
　行集中收纳

ⓐ 孙红羽采用竹筒收纳法，利用衣橱中一个隔板层的深格子，将洗干净的床品卷好后放到上层

ⓔ 利用门后空间，宋小宇选取宽度为 25cm 的 U 形杆装在墙上，增加正装区和儿童挂衣区的空间，配合旁边的斗柜，两者一起打造了儿童独立衣物区

ⓔ 换季被子和毛巾被等统一收纳在百纳箱里

ⓔ 物品按人单独收纳，贴好标签

ⓐ 郭培把四个内裤盒子放在抽屉里作为分隔盒，分别收纳充电线、孩子的皮筋、卡子、故事机和小剪刀

ⓐ 大部分床品用收纳盒直立折叠收纳

ⓐ 厚厚的盖毯郭培直接卷放在格子里

ⓐ 叠好被子或者换好床单扫床后将笤帚顺手放在床品旁边

ⓐ 苏苏使用圆弧形浸塑衣架悬挂衬衣，可以有效防止肩部被撑变形

ⓐ 裤子使用塑料鹅形裤架悬挂，挂裤子的部分比较粗，可以避免出现挂痕

ⓐ 休闲衣服使用普通圆角塑料衣架悬挂，比较轻薄，节省空间

ⓐ 统一全部使用白色衣架

ⓐ 收纳抽屉苏苏全部采用半透明箱体，可以直接看见物品

ⓐ 衣架有两种，白色塑料裤夹和白色塑料护领衣架

ⓐ 因为女士衣柜高度足够，所以无须用鹅形裤架，用裤夹可以节省一部分横向空间

ⓐ 袜子卷好放到无盖收纳格里，一格收纳一双

ⓐ 床品苏苏按照使用频率分区存放

ⓐ 苏苏次卧衣橱的上层用来收纳客用枕头，中间悬挂外套，下层存放一些在厨房放不开的储备食品和野炊用品

二、左右脑型的厨房及餐厅收纳

1. 厨房及餐厅整体布局参考

原本蚂小蚁家的厨房是普通的一字造型，用餐区在厨房外面。但是生活整理师蚂小蚁和家人都觉得做饭不应该是一件闷在屋子里孤单的事，所以就决定把厨房的墙拆了，改造成开放的空间。

◖ 蚂小蚁家的冰箱、洗衣机、清洁区、准备区、烹饪区一字排开

餐厨一体后，蚂小蚁走两步就能将做好的饭菜端上餐桌，吃完后转个身就能将碗盘放到水池里，几乎是零动线，非常适合她这个懒人。

◖ 蚂小蚁家厨房改造前

◖ 蚂小蚁家厨房改造后

由于餐桌旁边的墙壁中有燃气管道，无法全部打通，蚂小蚁和设计师商量后，将墙壁改造成上方开放，下方封闭的展示区。

◀ 最下层的台面上蚂小蚁摆放热水壶与日常用的茶叶和茶杯

◀ 上层台面陈列了家人喜欢的展示品

做饭的时候，蚂小蚁可以通过这个小小的"窗户"看到在客厅的家人，有一句没一句地聊着，互相陪伴。有时候她还会和孩子通过这个窗口玩"购买食物"的游戏，乐此不疲。

▶ 做饭的蚂小蚁和在客厅玩耍的孩子互动

　　本来的不得已之举，结果成了这
个家中最方便、最好看、最有乐趣的区
域，这可真是得益于左右脑型的人的
"胆大妄为"，说干就干呀！

▶ 蚂小蚁家厨房的有趣空间

　　宋小宇作为左右脑型的生活整理
师，对餐边柜的要求是常用物品必须要
展示出来。餐边柜主要作为水吧使用，
生活中宋小宇喜欢喝咖啡和酒，喜欢收
集杯子，因此要根据实际需求将餐边柜
分区。

▶ 宋小宇以饮水机为垂直中心，在台面黄金区放置
　最常用的杯子，方便平时喝水，增加置物架扩容

▶ 第一个抽屉用来收纳喝咖啡时的相关物品，如咖
　啡杯、咖啡机、胶囊咖啡等，方便拿取

▶ 酒和酒杯集中放置在吊柜最上层

▶ 由于层板中间容易变形，将较轻的酒杯放在中间，
　两边放置较沉的红酒，下层放置需要展示的杯子

　　这样的布局对左右脑型的人很友好，使用起来动线合理，只需要站在一个地方就可以完成所有的冲调工作，而且打开柜门就能选择喜欢的杯子，拉开抽屉就能为自己做一杯手冲咖啡，完美实现使用者的生活需求！

　　左右脑型的人比较有自己的想法，因此关于餐厅的布局并没有统一的标准，苏苏唯一的原则就是要符合自己的生活习惯。

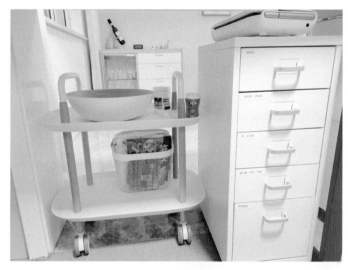

◉ 苏苏在餐桌旁添置了餐边柜

◉ 吧台下方的空间用来放置小推车和多层铁皮柜，作为橱柜收纳的补充

◉ 多层铁皮柜用来存放厨房消耗品和烘焙用品

◉ 来客人的时候可以将小推车推到客厅作为茶几的补充

◉ 苏苏鞋柜上方的两个大抽屉被用作化妆柜和茶水柜

◉ 镜子旁边的抽屉用来收纳化妆品

◉ 茶水柜用来收纳冲调饮品和日常营养品

　　通过餐边柜、小推车、茶水柜的有机结合，满足了餐厅物品的收纳需求。物品有了自己的存放空间，餐桌的桌面空间就得到了有效的释放，自然整洁干净。

　　传统的厨房一般都是封闭的，橱柜常常紧贴墙壁，但是这样做饭的时候会感觉很寂寞，还会担心在起居室玩耍的孩子的安全以及不定时爆发的破坏力。既能与家人互动，又能满足烹饪和收纳功能的厨房，是生活整理师笑宇在规划心目中理想厨房时的第一个愿望。

　　因为笑宇喜爱烘焙，她和先生又都是咖啡的重度爱好者，所以相关的厨房家电比如蒸箱、烤箱、饮水机、磨豆机、咖啡机以及各种咖啡器具一样都不少。但中式烹饪即使保持相对清淡的饮食风格，还是或多或少会有油烟的困扰，所以将中西厨分开，是笑宇在规划心目中理想厨房时的第二个愿望。

　　于是，一个左右脑型生活整理师笑宇心目中理想的厨房就出现了！

◉ 笑宇家厨房的中岛连接中厨和餐桌

◉ 冰箱连接中厨和西厨以及餐厅

　　这个厨房里的家务动线是这样的：从冰箱取出食材，转身放在岛台上，岛台设置水槽，清洗后转身进行食材的预处理，备好菜后随即烹饪、装盘，转身放在岛台上准备上桌，而餐桌就垂直于岛台外侧，整个烹饪动线流畅高效。

　　用餐后，可以随手将收拾好的碗筷收放在岛台上，等待清洗。而不论是站在水槽边清洗食材，还是餐后清洗餐具，都是面朝餐厅和起居室的，能够和家人随时互动交流，再也不会觉得孤单。常常是孩子们一边帮忙收着碗筷，笑宇或者先生一边站在中岛的水槽边和他们聊着天就把扰人的家务做完了。

　　厨房虽然是方寸之地，但做一餐饭从准备到收拾完毕，来来回回也是十分累人的。所以一切就近，动线合理，是笑宇的厨房布局和收纳心得。

▶ 笑宇厨房的中厨整
　 体布局

　　西厨和餐厅的互动关系非常紧密，这里收纳着咖啡机、饮水机、蒸箱、烤箱、杯子、餐具等。家里的两个孩子会在开饭前帮忙从餐边柜（西厨）拿出餐具摆好，也很乐意在有人缺少餐具时帮个小忙。那么孩子口渴时使用饮水机喝温水这样的事情就更是不在话下啦！家一定是可以满足住在这里的每一位居住者需求的地方。

　　生活整理师 Coco 家的用餐区在厨房，优点是动线最短，毫不夸张地说他煎蛋后一转身就能放到餐桌上。某天 Coco 突然发现，这个转角区域的风景非常好，为此经全家人协商，大家一致同意为了美景可以牺牲动线，于是把用餐区改到了这个区域。

ⓐ Coco 家的厨房用餐区

ⓐ 餐桌由长桌改为圆桌

为了让餐桌能够真正成为用来"吃饭"的桌子，而不是被各种杂物占据，也为了减少吃饭时去厨房拿物品的次数，改造时 Coco 设计了一个全抽屉的餐边柜。

餐具	咖啡
茶	牛奶
保温壶/早餐盘	麦片/零食

ⓐ Coco 设计的全抽屉餐边柜布局

在餐边柜一米长的台面上，从左到右依次摆放高频使用的杯架、电热水壶、蒸烤微波炉和电饭锅，于是一家人喝水、沏茶、热菜、盛饭都可以在这里完成，一转身就是餐桌，动线只要两三步，特别符合左右脑型的人不喜欢动作太多的特点。

这些物品被从厨房移出后，厨房的台面上基本就整洁了，清洁起来也很方便。

常用物品摆放出来不但使用方便，而且减轻了厨房台面的压力。对左右脑型的 Coco，看不见就等于没有，看得见才友好。为了配合餐区改造，Coco 新更换了餐边柜。

▶ Coco 的餐边柜上摆放着彩虹色的杯子

▶ 齐白石老先生画的咸鸭蛋配小酒装饰画挂上墙上

▶ 熊猫电饭煲摆在餐边柜旁

左右脑型的人可能是"不走寻常路"专业户。在装修前，生活整理师 Dandi 思考的往往不是房间原本的功能，而是先从自己想要实现的功能出发，再与空间实际结合。他规划餐厅收纳布局时的思路，也是先围绕着"饮食"功能及其周边收纳需求开始的。

在功能上，Dandi 一方面将烹调以及餐厨具、食品储藏功能交给了厨房；另一方面希望餐桌不承担储物功能，而纯粹是家人用餐和交流的场所。基于这个想法，"饮"这个功能就需要另一部分空间来承担了。

再结合房屋实际情况，厨房墙是承重墙，必须完整保留，于是 Dandi 将餐桌设置在厨房外，再加上餐边柜，合起来组成餐厅。在厨房和餐桌之间靠墙摆放的与餐桌高度差不多的餐边柜，既能够承担"饮"的功能，又能够储物，这样就保留了餐桌原本的功能。虽然餐桌离灶台远了一点，但对左右脑型的人，"厨—饮—食"这样的功能划分是非常清楚且合理的。

◁ 餐边柜 Dandi 采取柜门、开放格、抽屉平衡的收纳方式

◁ 柜门使用能够隐约看到里面的长虹玻璃材质

由于厨房的上下水和燃气位置不可移动，Dandi 的厨房布局思路还是围绕基本动线（拿取—清洗—备菜—烹饪）设置冰箱、橱柜和厨房小电器的位置，再将收纳布局与动线相对应。

左右脑型的人不喜欢麻烦，如果物品收纳得太高不好拿取就不想用了。为此，Dandi 在厨房少做了一组吊柜，避免形成收纳的"黑洞"，也避免了多形成一块照明阴影。左右脑型的人左脑输入倾向偏爱宽敞无物的台面，因此需要有充足的地柜空间来解放台面。

同时，右脑输出又需要能够将物品轻松放回，所以对锅具、小电器等"大家伙"，橱柜内部仅进行粗放收纳，只要放进去就好，不需要进行细致的摆放。而餐具和小工具则使用浅抽屉进行收纳，抽屉内进行粗略分隔，方便在做完饭、洗完碗之后快速让台面回归清爽。

此外，左右脑型的人对于物品的分类在别人看来可能比较独具一格，或者比较混搭，例如，会出现"喜欢／常用／美观／好用"的"无厘头"分类。吊柜下方的一排开放格就非常方便左右脑型的人将这些自认为"喜欢／常用／美观／好用"的餐具轻松收纳、展示和快速拿取。

◉ 烹饪区的橱柜 Dandi 用来收纳调料、锅具、不常用小电器

◉ 备菜区用来收纳厨房小工具和餐具

2. 厨房、餐厅收纳用品及使用方法

◉ 热水瓶旁边的冰箱上郭培用磁吸收纳盒放了一包纸抽

◉ 杯子放在热水瓶上方的吊柜里

◉ 冰箱前的小推车上挂着一个小白盒，用来收纳蜂蜜、保健品、剪刀

◉ 厨房里常温存储的蔬果、高频使用的垃圾袋、牛奶等郭培放在三层小推车上，蔬果放在最上面一层

◉ 垃圾袋放在最上面一层蔬果的旁边，中间一层放纯奶，最下面一层放大量的水果

ⓐ 保鲜盒的收纳秘诀是盒盖分离

ⓐ 蚂小蚁用三根伸缩杆拆解空间，把盒子分两层收纳，再用一个 L 形超市货架在外侧收纳所有的盖子

ⓔ 竹制的、带把手的收纳筐蚂小蚁用来收纳日常
　　带出门的帆布袋、纸袋

ⓔ 蚂小蚁用两个倒挂的钩子挂竹筐，平时不用的
　　时候筐口朝里，需要拿物品的时候朝外打开

▲ 蚂小蚁用专门的插座挂钩收纳电线

▲ 四个粘贴式迷你抽屉贴在层板的下方，蚂小蚁用来
收纳厨房手套、茶包、吸油纸等小物品

▲ 标签贴在每个抽屉对应上方的位置

▶ 遮挡燃气表的柜子兼具儿童餐
具收纳功能

▶ 开放式窗口的下方有燃气表，
形成了一个不规则的空间，蚂
小蚁用来收纳孩子专用的小碗、
水壶等

▶ 用伸缩杆配合收纳筐进行分层，
朝外敞开

🅰 蚂小蚁家厨房的炒菜区易于清洁

▶ 在炒菜区侧面，蚂小蚁利用各种尺寸恰到好处的
　收纳盒收纳常用的米、面、干货等

🅰 星巴克盒子自带美感，宋小宇直接用来当置物架

🅰 不同杯型集中在一起，大的在后，小的在前

▶ 宋小宇选择水杯置物架的颜色和饮水机保持一
　致，视觉效果整齐

▶ 摆出来的杯子尽量挑选好看的，视觉更具美感

▶ 层板上的收纳用品属于展示用的，对材质要求较
　高，材质、款式须一致或者大体相同

ⓐ 藤编双层收纳篮为苏苏的家里增添了一丝清新

ⓐ 藤编的果盘、榉木的托盘和皮质的收纳盒都是天然材质

ⓐ 包装盒很精致，扔掉实在可惜，苏苏用来作为抽屉内部的收纳用具

ⓐ 苏苏将一次性餐具统一存放在一个抽屉里，使用包装盒作为收纳容器

ⓑ 苏苏将玻璃杯全部放在餐边柜的玻璃柜体中，按从前到后、从矮到高的顺序摆放

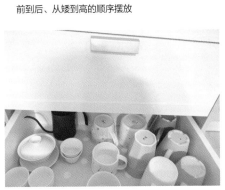

ⓒ 苏苏将有花色的杯子全部收纳在餐边柜的抽屉里

⊙ 苏苏在水槽下方装了小厨宝、垃圾处理器和净水器，已经没有多余的空间

⊙ 下方的空隙用来收纳洗抹布用的盆

⊙ 柜门上贴有收纳架，用来存放厨房清洁用品

⊙ 两只"小鸭子"是吸盘式防烫垫，苏苏将其吸在瓷砖上收纳

⊙ 灶台旁边的吊柜上层苏苏用来收纳储备的液体调料，下层用来收纳日常使用的调料，用旋转托盘存放

⊙ 淘汰的宜家盘子架苏苏用来收纳多功能锅的烤盘等，放在吊柜里尺寸刚刚好

⊙ 调料、锅盖等苏苏全部上墙收纳，清洁台面更方便

⊙ 液体调料瓶可以自动开合瓶盖

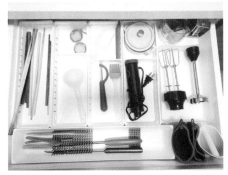

Ⓐ 灶台旁边最上层的抽屉用来收纳常用的厨房小工具

Ⓐ 可调节收纳盒根据物品的大小进行分隔

Ⓐ 苏苏所有的收纳工具都是耐高温的，可以直接放进洗碗机清洗

Ⓐ 厨房北侧的橱柜距离灶台较远，温度较低，苏苏用来收纳粮油和调料

Ⓐ 橱柜上层前排敞口收纳筐分别盛放固体调料、牛奶和鸡蛋，后排收纳盒盛放不常用的干货和杂粮

▶ 苏苏使用一转多超薄插板，解决两个插座不够用的问题

◀ 苏苏根据冰箱原有分区简单进行大类划分，采用所见即所得的收纳方式

◀ 笑宇在餐边柜嵌入烤箱和蒸箱，挂杆上就近收纳隔热垫、硅胶手套以及常常给孩子们装饼干零食的木质锅型餐具

◀ 两个竹编收纳筐里是笑宇从各地收集的餐布和杯垫

◀ 台面上的竹筐里放着玻璃水杯

◀ 上方搁板展示区收纳着孩子的陶艺作品小皿，喜欢的陶艺作者的咖啡杯和奶缸，不太常用但外形十分可爱的土锅和陶壶

▶ 清洗一些小餐具时，笑宇在水槽边放一张控水垫用来沥水

◀ 常用餐具收纳在吊柜中，笑宇利用透明亚克力置物架给搁板分层，每一层都可以叠放收纳相同款式大小的碗盘

◀ 如果需要里外放两层，可以里面收纳不常用的餐具，外侧收纳每天要使用的饭碗和骨碟

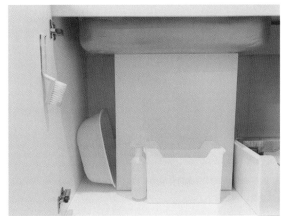

ⓐ 水槽下柜旁边笑宇预留了一个垃圾桶位，提前选好可以做垃圾分类的垃圾桶，一踩踏板就打开了

ⓐ 垃圾桶上方的小抽屉用来收纳垃圾袋、下水道网、擦擦克林和 s 形保鲜袋

ⓐ 水槽的下柜笑宇用来收纳一个定期深度清洗浸泡盆

ⓐ 右侧大号收纳箱用来收纳备用清洁海绵、抹布、擦擦克林、洗碗液等

ⓐ 前方薄款收纳盒用来收纳常用的洗碗机用洗碗液、消毒喷雾等常用清洁品

ⓐ 柜门上挂着水槽清洁刷

ⓐ 台下式大单槽水槽又大又深，可以将中华炒锅、大号汤锅放进去清洗

ⓐ 搭配抽拉龙头，每次洗完碗筷后可以顺带清理水槽

ⓐ 单槽内笑宇不放置任何形式的蔬果餐具沥水篮，保持水槽的空间

ⓐ 比起把锅盖放在墙上，笑宇使用台面锅盖置物架更加灵活

ⓐ 山崎实业的置物架非常实用，不但可以用来放锅盖、勺铲，还可以充当 iPad 和食谱支架，甚至能够用来沥干小一点的砧板

Ⓐ 笑宇利用伸缩杆解决高柜难用和烤盘难收的双重
难题

Ⓐ 笑宇将食材按一次食用的量分装入保鲜盒，贴上标签后
直立收纳到冰箱冷冻层

Ⓐ Coco 用多斗柜将厨房里林林总总
的小工具统一收纳，放置在西厨
区的右侧

Ⓐ 每一个抽屉上都贴有标签，拿取
和放回物品时非常方便

Ⓐ 新增加的柜子上层抽屉 Coco 用来收纳不常用的餐具

Ⓐ 拉开的部分是原有的母抽屉，用来收纳日常使用的餐具

Ⓐ 熊猫电饭煲就在台面右侧，所以盛饭的小碗也收在这里

▶ 餐边柜 Dandi 用来收纳杯子、茶壶和茶碟

▶ 半开放的长条形收纳盒用来收纳茶碟和外形常规的杯子

▶ 造型不规则或者有装饰感的杯子完全开放放置

▲ Dandi 用长条形收纳盒将柜子深处的杯子"拉"到眼前，方便快速拿取

▲ 几乎每天都要用到的冲饮品、保健品、药品、小零食等 Dandi 收纳在最方便拿取的开放格中

▲ 藤编筐在收纳时既能够起到分隔、抽取的作用，外观又与餐边柜非常协调

▲ Dandi 用自带特殊背胶的魔力扣把常见的塑料纸巾盒粘在桌面下最靠外的位置，吃饭时抽取方便

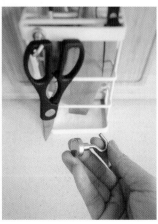

▲ Dandi 在刀架上加一个挂钩（铁质刀架用磁吸挂钩），用来挂厨房剪

▲ Dandi 用全透明杂粮盒收纳米面杂粮，免去了读取文字标签的步骤

三、左右脑型的书房收纳

1. 书房整体布局参考

对于爱画画的生活整理师大桔，一张大大的桌子实在是必不可少的。大桔在规划书房用来画画的桌子时，始终保持桌面空无一物的原则，这样既能有效保持桌面整洁，也能使桌面的利用率最大化。比如，桌子可以用来画画，也可以用来看书、阅读、写作，还可以用来做整理时的分类区域。

大桔配合桌面不同的使用场景，把物品分类放置在桌子边上的柜子里。对左右脑型的人，完全不可见的收纳是不太友好的方式，所以常用物品可以采用开放式收纳，这样能够看得见。为了保持整洁，可以结合分类及收纳盒，将物品进行定位摆放，这样不仅物品好找而且归位自如。柜子二层的开放式区域主要就是画画和阅读功能，加上旁边摆放的椅子，无论是站还是坐，这个高度都是非常友好的。

◁ 大桔的柜面放置钥匙、纸巾、茶具垫以及最近阅读的书籍，同时还有一些装饰品和画用来美化房间

◁ 柜子二层采用开放式收纳，用来放置书籍和常用画具

◁ 三层用帘子遮起来，收纳一些不太常用以及各类与此空间色彩不搭的物品，还有一些备用的画材

大桔将书房的写字台分成两个区域，书写区和直播区，一般书写时在左边，右边为直播区域，这样将日常物品基本固定区域，相关的资料及书籍放在书桌旁边的

移动柜子里，如果没有那么多辅助物品要收纳，也可以将柜体撤走。桌面的小物件对左右脑型爱画画的大桔来说是非常友好的，可以用来辅助画一些创意小漫画，不会干扰到她的工作，只会让她更加充满干劲。同时需要使用电脑的工作也可以在这里完成。

　　分区清晰、使用明确、收放有度，对左右脑型的大桔，这样的书房完全是量身定制的。虽然桌面没有白天办公时书房中的桌子那么大，但是用于晚上只是简单处理一些工作已经绰绰有余，还可以用于清晨的思考、睡前的阅读以及线上办公，每次使用起来都非常方便。

▶ 移动柜大桔用来临时收
　　纳不同阶段书桌上相应
　　的工作资料以及其他物品

舒馨的书房面积不足 $12m^2$，为了满足工作学习、睡眠休息、收纳储物的需求，生活整理师舒馨把空间划分成了休息区、工作学习区和收纳储物区。

⊛ 舒馨书桌的左侧是休息区，左面柜体的两扇门实际上是个折叠下翻床

⊛ 工作学习区包括书架和书桌，位置在折叠床和衣柜的中间。折叠床放下后，书桌就可以充当床头柜

⊛ 书桌上方为开放式书架，书籍摆放在书架的右侧，书架上半部的左侧作为展示区，摆放孩子的照片

⊛ 书桌下固定的三个抽屉按照使用频次用来收纳相应物品。第一层收纳文具；第二层收纳学习资料和参加各类线下学习的纸质资料；第三层收纳各类荣誉证书

⊛ 收纳储物区在最右侧，衣柜用来收纳折叠床上的床上用品以及亲朋来访时的行李物品

苏苏的书房采用了敞开式收纳和封闭式收纳相结合的方式，榻榻米下方也可以储物。考虑到未来书房可能用作儿童房，苏苏留了两组薄衣柜，目前里侧的衣柜被用来收纳周边物品，外侧的衣柜用来收纳帽子和包。柜子最上层目前空置，暂时放了一盆绿萝用来装饰。高处的几组带门柜用来收纳一些不常用的文件，这样关上门不会显得杂乱。

Ⓐ 苏苏家里的书并没有全部收纳在书房，而是分别存放在五个地方

Ⓐ 四个薄抽屉用来收纳书房的杂物，抽屉下方抱枕挡住的格子用来收纳盖毯等

Ⓐ 空着的格子用来收纳健身包等

Ⓐ 电脑桌下边的抽屉分别用来收纳文具和笔记本

2. 书房收纳用品及使用方法

◀ 带插座的电线收纳盒可以很好地解决大桔桌
面各类充电器和插头杂乱的问题

ⓐ 书柜的一层大桔用来收纳孩子小时候的书籍，由于高度问题，大书没有直立摆放，而是放了孩子的一张照片

ⓐ 二层高度比较适合孩子拿取，放了一些孩子最近看的书籍

ⓐ 三层和四层相对孩子的身高比较高，放置了一些不太常看的书籍

ⓐ 宜家的拉舍小推车是拉斯克的小版，哪里需要，舒馨就可以直接推过去，不用时，推到书桌下面

ⓐ 小推车在书桌的下面相当于三层储物架，第一层放 A4 打印纸，第二层放湿纸巾，第三层放手机支架

ⓐ 苏苏用可移动分层隔板对衣柜进行分层，按照大、中、小三个型号对包进行分类收纳

ⓐ 苏苏在书房用可移动衣架存放暂时不用洗的次净衣物

ⓐ 挂烫机放在可移动衣架旁边

ⓐ 各种不同尺寸的包装盒苏苏分别用来收纳数码用品、打印用品以及文具

四、左右脑型的玄关、客厅以及阳台收纳

1. 玄关、客厅以及阳台整体布局参考

苏苏的房屋户型结构非常简单，进门右侧进深非常浅，只有 15cm，左侧就是书房门，因此没有多少储物空间。但是作为不算玄关的玄关，还是需要满足最基本的玄关功能。

◁ 鞋柜上方的台面苏苏用来存放钥匙和口罩

◁ 鞋柜旁边的墙上钉了小鸟挂衣钩，下面放了一个皮质的小牛换鞋凳

▲ 苏苏家进门右侧是客厅，客厅和阳台之间没有隔断，放大了客厅的空间

▲ 阳台右侧一组顶天立地的收纳柜用来收纳家里公用的杂物和消耗品

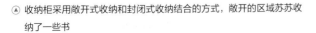

▲ 收纳柜采用敞开式收纳和封闭式收纳结合的方式，敞开的区域苏苏收纳了一些书

▲ 苏苏的阳台左侧的休闲空间

　　左右脑型生活整理师宋小宇为孩子在客厅和阳台打造了亲子空间。孩子的活动中心为客厅，在这里学习、玩耍，因此该位置同时还承担着孩子玩具的储物区和阅读的学习区等多重身份。同时由于一进门就可以看到柜台侧面的位置，所以需要视觉效果整齐。

◉ 白色的卡莱克和旁边的小
　 米净化器颜色统一

◉ 卡莱克的高度正好符合幼
　 儿园儿童的身高，小朋友靠
　 自己就可以进行拿取归位

◉ 宋小宇采用宜家卡莱克产品收纳孩
　 子的物品，下层存放玩具，上层放
　 书，最上层用来展示

　　作为左右脑型的生活整理师宋小宇，要满足家人的不同需求，需要在整个客厅实现储物、零食、阅读、休闲和工作学习五大功能区。

◉ 在电视柜的一侧，隐藏的为储物
　 区，展示的为零食区

◉ 宋小宇考虑到小朋友的身高，将
　 零食放置在了家人经常路过的柜
　 体下方

Ⓐ 在电视柜的另一侧，宋小宇用卡莱克承担书籍储物功能，沙发承担休闲功能，书桌承担学习功能

Ⓐ 宋小宇靠墙边摆放家长座椅作为工作学习区

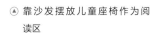

Ⓐ 靠沙发摆放儿童座椅作为阅读区

Ⓐ 宋小宇用沙发和儿童座椅组合成方便父母陪伴孩子的休闲区

Ⓐ 宋小宇用卡莱克和沙发组合成了阅读区

Ⓐ 沙发被卡莱克和长桌包围，可以起到茶几和边柜的置物作用

　　客厅是家人活动的核心区，在这个空间里，家里每个人都可以找到适合自己的区域，一家人既可以在一起阅读、玩耍，也可以各自工作、学习，客厅再也不是只能"葛优躺"的地方，变成了承载一家人欢声笑语的最重要的部分！

2. 玄关、客厅、阳台收纳用品及使用方法

- ⊙ 郭培用鹅形裤架来晾鞋子，不用担心鞋子掉下来或鞋里的水流不出来

- ⊙ 长雨伞郭培挂在阳台洗衣机旁的角落里，下面是一个地漏，即使伞还在滴水也不受影响

- ⊙ 零食区柜体较深，宋小宇采用无遮挡抽屉式拉篮

- ⊙ 拉篮用来收纳零食尺寸合适，成本低，前开口低，拿取方便，可以方便抽拉和自由叠加

- ⊙ 苏苏家玄关处书架的物品收纳讲究美感，摆放心仪物品时不能太满，要注意留白

- ⊙ 射灯下方随着气流变幻的光与影是对白墙最好的装饰

- ⊙ 书架的抽屉苏苏用来收纳不时会用到的小物品，如水电卡、指甲刀、香薰等

- ⊙ 由于需要凭编号缴燃气费，打印出来的燃气编号贴在抽屉边缘

⑥ 高颜值的实木收纳盒苏苏用来收纳花花绿绿的口罩

⑥ 电视柜中其中一个抽屉用来收纳药品，用包装盒进行收纳

⑥ 苏苏按功能把药品分成外伤药、感冒药、肠胃药、头疼药四个大类，贴上标签便于区分

⑥ 苏苏用带盖的铁皮面包盒收纳花花绿绿的小零食，不吃的时候盖起来

五、左右脑型的卧室收纳

1. 卧室整体布局参考

床盖是大桔喜欢用在卧室收纳的一件物品。因为家里的床上用品很多都是母亲亲手准备的，如果使用其他四件套会让母亲有点不开心。所以大桔选择了自己喜欢的床盖，这样既使用了母亲爱意满满准备的床上用品，也满足了自己的喜好。

◁ 床头柜大桔
用来收纳日
常的各种物
品，使卧室看
起来更整洁

这间卧室包括三大功能分区——休息区、办公区、存储区。

郭培白天会把被子叠起来，拉上衣橱门后，整个房间瞬间清爽整洁，转身就可以安心工作。由于郭培在家办公的时间比较长，为了不被其他家庭成员影响，把办公区安置在了静谧的卧室。晚上把书桌的椅子推进去，拉开衣橱的门，铺好床，舒适的睡眠氛围就出来了。

ⓐ 最近常用的文件郭培放在书桌上，不常用和存储的书及资料收纳在客厅多功能柜里

ⓐ 书桌下的两个抽屉用来放一些琐碎的办公用品

ⓐ 床下面郭培用来收纳换季的被子和枕头

ⓐ 衣橱最上面的顶柜用来收纳换季衣物，一个百纳箱就足够，顶柜中大部分是空的

ⓐ 衣橱下面用来收纳在用的衣物、被子、绘本等

主卧中除了床和衣柜，还包括苏苏的小书桌、电子琴和梳妆台。

◁ 苏苏的主卧整体布局

◁ 梳妆台被苏苏改造为床头柜

◁ 梳妆台下面放了一个收纳筐，用来存放
　苏苏先生的睡衣

◁ 小书桌被苏苏从阳台搬到卧室，用来读
　书和写字

Ⓐ 主卧卫生间门口旁边的收纳柜上层
苏苏用来存放换季的鞋子，下层收
纳晾衣架、吸尘器等比较高的物品

Ⓐ 玻璃门储物柜用来存放酒和零食

Ⓐ 次卧柜顶苏苏用来收纳无处安放的结婚照。

Ⓐ 装修剩下的板子和从淘宝买来的组装小桌子，配上被淘汰的半旧桌
布、挂画以及旅行时买的卡片

2. 卧室收纳用品及使用方法

◀ 郭培把电脑像本子一样收在文件盒里

◀ 电源线用魔术贴理线带固定后卡在桌子和墙
的缝隙

▽ 清单、提醒卡片等郭培利用蓝丁胶贴在墙上

▽ 桌子下的插座用纳米胶固定在墙上

▽ 电线用魔术贴理线带固定在一起

◁ 常用的手机充电线郭培搭在吸盘挂
　钩上

▲ 苏苏的家务柜柜门上的多格收
　纳袋用来收纳吸尘器、电动牙
　刷、洗脸仪等各种小家电的充
　电器

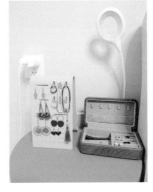

◁ 不怕落灰的首饰苏苏挂在首饰架
　上，收纳的同时还能起到一定的
　装饰作用

◁ 怕落灰的首饰和容易散乱的发圈
　等放在带盖的收纳盒里

◁ 苏苏将可夹式洞洞板直接夹在桌
　面上，避免给墙面打孔，又充分
　利用了纵向空间

六、左右脑型的卫生间及浴室收纳

1. 卫生间及浴室整体布局

卫生间是郭培最注重卫生的地方，这里是家的一个出口，除了将马桶保留了原有风貌，其他物品全部上墙收纳，不留卫生死角，方便地面清洁。

孩子最开始会不小心尿在地上，用花洒冲一下，刮板刮干就可以，方便清洁的卫生间地面让郭培对孩子如厕习惯的培养更有耐心。孩子的浴盆用吸盘挂钩挂在墙上，洗澡时换洗的衣服和浴巾挂在门后墙上的挂钩上，沐浴用品放在花洒旁的搁板上。郭培日常在清洁卫生间时也会用花洒冲一冲，然后刮干。

▶ 马桶旁的卫生纸上墙收纳

▶ 成人马桶旁的玫红色马桶是儿童马桶，后边存放拖把、拖鞋

▶ 清洁后郭培把拖把挂在墙上，用花洒喷洗，拖把下面就是地漏，无须倒水

卫生间的收纳区域主要集中在盥洗区，为了方便使用，纾瑶在装修时将卫生间进行了干湿分离，盥洗区承载了日常个人洗护清洁化妆类用品的收纳。

◀ 镜柜纾瑶用来收纳日常个人洗护清洁化妆类用品

◀ 高频使用的物品收纳在开放格，低频使用的物品收纳在隐藏柜里

◀ 对盥洗柜体下方做了抬高设置，用来收纳体重秤和水盆

　　苏苏的主卧卫生间使用了超大镜柜和浴室柜，再加上两个收纳架，完全可以满足护肤品、浴室清洁用品、个人卫生用品的收纳需求。

◁ 苏苏的镜柜和浴室柜配合壁挂式收纳架，可以实现护肤品全部上墙

◁ 镜柜敞开式的空间用来收纳每天都要用的护肤品，用完顺手就能放回去

◁ 隐藏式的空间用来收纳使用频率相对较低的护肤品

▲ 拆掉镜柜门的位置苏苏用来收纳比较高的瓶瓶罐罐

▲ 自动洗手液机苏苏伸手就能出泡，比普通按压瓶更方便卫生

▲ 搁板上面的小筐用来收纳形状大小不一的瓶瓶罐罐

▲ 竹制收纳架上层苏苏用来收纳沐浴用品，中间可以挂浴巾，下面的筐还可以放洗浴时换下来的衣服

▲ 洗手台下方的大柜子满足次卫的收纳需求

小黑将卫生间所有的物品都藏在镜柜里，让台面和墙面保持无物状态，整理完的一瞬间的确感觉非常空旷和整洁。左右脑型的人虽然接收信息时逻辑优先，理性十足，但真正到了处理信息（日常使用）的时候，却是感性无比，特别怕麻烦。如何能够做到实用性、使用便捷度优先，又同时兼具美观性，是左右脑型的人日常思考的课题。

▶ 使用频率最高的物品上墙，小黑尽量选择白色物品，力求降低视觉噪声

2. 卫生间、浴室收纳用品及使用方法

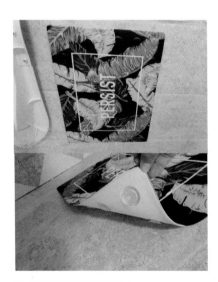

ⓐ 郭培把防滑垫直接吸在墙上

ⓐ 带吸盘的双层挂钩郭培用来挂浴盆，里面还可以再挂两个小的洗脸盆

ⓐ 吸盘式花洒支架可以随着孩子身高的增长调整高度

ⓐ 日常洗垫子时郭培也可以调整花洒到合适的高度

▶ 开放格中纾瑶收纳的物品主要是每日使用的物品

▶ 隐藏区域分为三层，高处给先生使用，下面两层用来收纳女士的面膜类以及化妆类物品

◀ 亚克力层架纾瑶用来收纳体积小的物品

▲ 抽屉式的柜体上下两层纾瑶根据使用频次分门别类收纳不同的物品　　▲ 纾瑶使用分隔盒让每类物品收纳得当

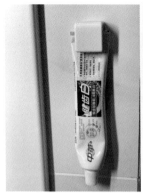

◁ 纾瑶将平日高频使用的物品，如牙膏、洁面巾等上墙收纳，释放台面空间

◁ 苏苏在镜柜侧面用多余的插头粘钩收纳刮胡刀

◁ 充电式紫外线牙刷收纳架在收纳牙刷的同时还可以给牙刷消毒

▲ 主卧卫生间门后的空间苏苏用来收纳隐藏式晾衣绳和衣架

▲ 主卧浴室柜下方苏苏用来收纳储备的护肤品和清洁用品

▲ 干湿分离区的浴室柜苏苏用来存放清洁工具的耗材，比如，拖把头、擦玻璃机器人的抹布等

▲ 足够大的浴室柜还可以放下洗脚盆

ⓐ 苏苏的次卧卫生间的门后贴了很多挂钩，利用门后的空间收纳各种清洁工具

ⓐ 次卫淋浴区苏苏采用浴帘+挡水条的方式

ⓐ 浴帘后方藏有拖布桶、拖鞋架和洗漱用品

ⓐ 洗衣机上方的收纳架苏苏存放了所有的洗衣用品

ⓐ 洞洞板的最大优势是使用灵活，小黑卡在洞洞上的配件可以随时取下调整摆放位置

ⓐ 镜柜最上层小黑用一根伸缩杆 DIY 出一个竖立的收纳空间，用来收纳储备的毛巾，同时借助除湿袋防潮

ⓐ 小黑用半透明的收纳盒将镜柜内的物品分类收纳

ⓐ 全透明的收纳盒会显得物品太杂乱，磨砂材质的收纳盒更为合适

⊙ 小黑借助架子将吹风机上墙收纳，形成拿下吹风机——吹头发——顺手挂回的超短动线

⊙ 孩子的漱口杯和牙膏、牙刷也位于他们身高的拿取黄金区域之内

⊙ 小黑利用镜柜内侧一块毛毡布加上若干大头钉，打造出了一个收纳能力惊人又灵活的饰品收纳墙

⊙ 小黑的镜柜收纳盒旁边的迷你冰箱调味包收纳盒用来收纳一字发夹

⊙ 原本打算扔掉的玻璃杯，用来收纳化妆时偶尔会用到的修眉刀、小镜子和剪刀

⊙ 小黑同样借助调味包收纳盒将使用高频的护唇膏安家在了"露天洞洞板"上

⊙ 小黑将电动牙刷的充电底座上墙收纳，可以简化充电动线

④ 搁板第一层的一块硅藻土吸水
垫用来收纳笑宇两个孩子的牙
杯和牙刷，旁边收纳按压式牙
膏和儿童泡沫洗面奶

④ 电解质喷雾可以随时用来擦地
板、台面以及镜柜，笑宇就近
将其挂在一体成型的洗面台的
毛巾挂杆上

④ 笑宇使用 MUJI 的肥皂碟，水会透
过网状泡沫沥到下面的塑料托盘里

④ 搁板第二层用来收纳姐姐晚上
洗漱时摘下来的皮筋和发卡

七、左右脑型的储物间及仓库收纳

1. 储物间及仓库整体布局参考

笑宇将楼梯下方规划成了储物间，集中收纳家居消耗品、节日用品、纪念品、备用文具、家庭工具等。在规划储物间时，将物品清晰地分类并贴好标签，所有物品都有所归属，就像一家企业有它的组织架构，不同部门有各自的办公室一样。否则，要在一家公司找到一个员工就会非常困难。

◁ 笑宇的储物间整体
布局

家务间连接着盥洗区和浴室，因此它也是一个更衣室，是笑宇沐浴前后更衣的地方。把脱下来的脏衣服直接扔进洗衣机和烘干机中间的脏衣篓（手洗的放上层、机洗的放下层），就可以走进左侧的浴室了。洗完澡后，需要换上干净的内衣，于是笑宇就把它们收纳在更衣室的抽屉中，伸手可取。

除了作为更衣室，家务间更是为了完成洗、晾、烘、熨、叠这一系列家务动作而存在的空间，它大大缩短了家务动线，笑宇几乎可以原地不动地完成整个家务动作，真是太友好了。

◉ 笑宇的家务间整体布局

2. 储物间、仓库收纳用品及使用方法

◉ 左侧的小抽屉笑宇用来收纳电池、回形针、长尾夹等平时不太常用的小工具，收纳在每层小抽屉里独立的分隔之中，需要贴上标签

◉ 笑宇根据物品的大小选择收纳盒尺寸

⬆ 笑宇用风琴夹收纳部分电器的中文说明书的
　必要留存部分

⬆ 在笑宇家的盥洗区对面是一整面墙的储物空间

⬆ 第一层用来收纳各类不常用的家庭文件、学业证明以及
　纸质物品，如信件、明信片、手账、日记等

⬆ 第二层用来收纳常用文件，如工作类、医疗类、证件类
　的文件

⬆ 第三层用来收纳面膜、洗面奶、洗脸巾等洗化用品和个
　人卫生用品的囤货

⬆ 收纳盒上笑宇会贴好标签

八、左右脑型的儿童房及亲子收纳

1. 儿童房整体布局参考

爸妈在哪里，孩子就在哪里。郭培发现学龄前的孩子大部分时间和大人是在同
一空间的，于是把儿童区放在了宽敞明亮的客厅。

⊙ 郭培在多功能柜中间收纳大人的书籍，其他为家庭物品，如时光盒子、纪念品、摆件等

⊙ 对孩子而言有些高的地方用来收纳玩偶、作品等展示品，方便拿取的地方用来收纳孩子常玩的玩具、书、手工材料等

⊙ 保留拐角空间的那扇柜门，作为玩具、文具、部分玄关物品的存储区

⊙ 手工桌上摆着蜡笔、水彩笔、剪刀等小工具

⊙ 手工桌旁边的柜子用来收纳手工材料和绘本

⊙ 客厅剩下的空间郭培用来放玩具，分为大型玩具区和小型玩具区

生活整理师锦绣家的孩子5岁，有时候在主卧的小床睡，有时候在她自己的房间睡，所以儿童房主要设计了睡眠区、学习区、部分玩耍区。孩子的衣物收纳区是主卧的五斗柜。

现阶段大书桌是大人的学习区，小书桌是孩子的学习区。当小书桌不能满足

孩子的学习需求时，就把大书桌给孩子
使用。

　　儿童房的整个收纳思路是以孩子成长
的变化为基础的。

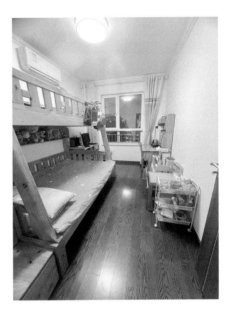

▷ 锦绣将儿童房整体布局分为以下三个区域

▷ 睡眠区：子母床下层

▷ 学习区：大书桌为大人学习区，小书桌为孩子学习区

▷ 部分玩耍区：子母床上层（孩子小伙伴来家里玩耍时，
　特别受欢迎的玩耍区）

　　子母床的上层是孩子玩耍的圣地，孩子的小伙伴们一来，都会跑到二层玩耍。

◁ 子母床可以兼具睡觉和玩耍的
　功能

◁ 梯子处的抽屉锦绣用来收纳床
　上用品和画画作品

　　学习区配置适合孩子身高的移动小书柜，是锦绣认为最明智的选择。孩子很
喜欢这个小书柜，常用绘本等书籍拿取自如。孩子自从有了这个专门为她打造的区
域，就特别喜欢待在这里。学习区的建立也有助于培养孩子的学习习惯。

ⓐ 锦绣让大人学习区与孩子学习区紧密相连，可以相互促进，增加学习氛围

　　儿童游乐区原本放置着餐桌，是就餐区，墙上的吊柜之前放置着烟、酒、茶、咖啡等物品。李婷婷在调整家里客厅的布局时，考虑到这片区域在角落，即便孩子们的玩具撒满地来不及收拾，也不妨碍家人正常生活，而且 $4m^2$ 的空间可以将玩具收纳和玩耍功能一并解决。李婷婷在改造之初先定了一个目标：低成本，尽量在不装修的前提下，利用收纳工具为哥儿俩打造一片独立的、基本能自主玩耍的"游乐区"。

　　这个小小的游乐区被一块地垫与客厅其他区域分隔，共分为三个区域：吊柜区、地面左侧区和地面右侧区。

ⓐ 在地面左侧区，李婷婷用孩子小时候的绘本架收纳小吉他、乐高积木说明书、扭腰转盘、乒乓球拍（餐桌客串乒乓球台）以及大小不一、形状各异的棋类、桌游类玩具等

ⓐ 中间用两个靠枕自制了一个"儿童沙发"

▶ 在地面右侧区，李婷婷用大收纳盒粗略收纳哥儿俩的成套玩具和编程课教具

▶ 吊柜的左侧用来收纳家人的照片摆台

▶ 顶部的三个白色收纳盒用来收纳李婷婷的爸爸储存的茶叶和茶具

▶ 吊柜的剩余空间用来收纳孩子们的玩具

　　绘本架是大宝小时候放置绘本用的，孩子们养成阅读习惯后，绘本架由于低矮且容量小，就被闲置了。后来李婷婷规划游乐区的时候，发现绘本架用来收纳孩子们包装各异的棋类、桌游等简直太合适了。

◀ 玩具竖直放在错落有致的架子上，李婷婷采用开放式收纳，包装封面朝外

　　为了解决孩子上学问题，艺芸租住在北京市海淀区 20 世纪 90 年代的老房子里。经过改造，一个面积不足 $8m^2$ 的儿童房中，包括 2 个写字台、1 个玩耍区、1 个玩具储藏间、1 个 L 形小型衣橱、1 个比较大的活动空间。

Ⓐ 艺芸的儿童房布局

◁ 当孩子坐在地上玩的时候，可以从柜子里随意拿取书籍和玩具

⊙ 艺芸将垫子移开后，这里可以当作手工区，也可以用来写毛笔字

⊙ 艺芸通过改变桌椅方向，形成 L 形学习区，窗边有一个小书柜

⊙ 孩子在这里写作业，艺芸用另一张桌子办公

旧房子的儿童区在孩子的房间里，Meiling 经过观察发现其实孩子们并不喜欢被关在封闭的空间里自己玩耍，最终导致当时精心改造的儿童天地反而成为闲置的房间。

在装修新房子时，Meiling 深度考虑家人之间的互动性，在空间规划上摒弃了电视墙和电视柜，取而代之的是一整面墙的儿童阅读玩乐区。

⊛ Meiling 家的儿童阅读玩乐区布局

ⓐ 可组合、可移动的两组无印风格的原木收纳柜，底
　下一层 Meiling 搭配了藤编收纳筐用来收纳玩具

ⓐ 儿童玩乐区的右侧是一个全白色的生活用品收纳柜，
　Meiling 主要用来收纳一些亲子互动的桌游棋牌游戏

ⓐ 柜体上方搭配三组可随意变换位置的实木抽屉柜

ⓐ 孩子够不着的柜子上层 Meiling 用来摆放家长工作
　常用的电脑和资料，方便家长在餐桌临时办公的同
　时可以陪伴孩子

ⓐ 柜子内部的收纳盒 Meiling 根据物品功能进行了细
　分，采用了大致摆放的收纳方式

2. 儿童房收纳用品及使用方法

Ⓐ 尺寸小一些的透明收纳盒郭培用来分类收纳孩子体积小的、爱不释手的玩具

Ⓐ 透明的三层抽屉收纳孩子的作品、小拼图

Ⓐ 小积木放在积木桶里，大积木放在收纳箱里，拼插积木用滑索袋收纳后放在收纳箱里

▶ 郭培将孩子画画用的纸和一些手工材料收纳在文件盒里

▶ 文件盒在一排绘本中间，可以充当书立

▶ 郭培用挂篮晾孩子的超轻黏土作品，晾干之前无法直立的作品倒挂在架子上，其他作品平铺在网格上

⊙ 郭培把画和奖状直接插进活页袋里，小作品放在活页拉链袋里

⊙ 李婷婷用宜家的萨姆拉带盖收纳盒（22L）收纳奥特曼、大颗粒乐高等玩具

⊙ 透明把手筐用来收纳比较细碎的水雾魔珠、串珠、橡皮泥玩具，李婷婷用透明收纳盒可以增加它们的"曝光度"

⊙ 买乐高类积木自带的整理盒用来收纳孩子的小颗粒乐高和乐高课教具

⊙ 两个黄色的整理盒李婷婷用来收纳小颗粒乐高，绿盖透明的整理盒用来收纳乐高课教具

◉ 哥哥和弟弟各有一个收纳盒用来收纳他们的科学小实验物品

◉ 李婷婷在白色收纳盒上贴上孩子们喜欢的黄色带卡通图案的标签，标签的内容是哥儿俩一块儿想的——神奇爆炸实验 + 骷髅小人儿

Ⓐ 锦绣用万能移动推车收纳各类芭比娃娃及其配套装置，各类物品分层摆放

Ⓐ 推车收纳有两个特点：物品摆放一目了然，方便拿取和放回，不易乱；孩子玩耍的动线是儿童房和客厅，推车移动便捷

Ⓐ 可移动书柜上层锦绣用来摆放孩子在幼儿园学习的绘本、英语书，下层用来摆放已购买的其他书籍

Ⓐ 书柜与小书桌配套摆放，孩子学习时坐到书桌前，书本触手可及

Ⓐ 子母床的中层隔板架锦绣用来收纳孩子的毛绒玩具

ⓐ 锦绣用敞口收纳盒收纳孩子的小型玩具

ⓐ 透明收纳抽屉收纳孩子的各种乐高玩具

ⓐ 在书桌下面锦绣配置了落地移动桌底架用来
　放置打印机，桌底架带有轮子，加新纸时移
　动方便

ⓐ 桌底架有两层，分别用来放打印机和打印纸

ⓐ 三个黄色的透明收纳盒李婷婷用来收纳孩子们的画画
　工具

ⓐ 大的是哥哥的，两个小的是弟弟的，一个平时画画
　用，一个上网课时用

ⓟ 李婷婷用自带分隔的收纳盒收纳哥哥的风火轮小汽车
　和各种奇奇怪怪的零碎物品

ⓐ 孩子们的跳棋、百数板等小玩具，李婷婷用
    透明滑索袋收纳

ⓐ 乐高积木说明书装进透明封口袋，贴上标签，李
    婷婷将其放置在绘本架上就近收纳

ⓐ 艺芸把桌子的两条腿拆掉，平铺在柜体上

▶ 艺芸选择斜口笔筒式的收纳，特点是物品一目了然，好
    拿好放

◀ Meiling 的收纳用品颜色和款式统一，采取了按使用场景需求分类

◬ Meiling 收纳盒里的物品无须再细化区域收纳，按大类别收纳，可以随手拿取

◬ 高频率拿取的物品没有使用收纳盒收纳，而是采用展示性收纳

第五章

右左脑型的收纳用品及收纳术

一、右左脑型的衣橱及衣帽间收纳

1. 衣橱及衣帽间整体布局参考

　　生活整理师 Cathy 家的卧室有一个衣帽间，主要是用来收纳她和先生的换季衣物。Cathy 对衣橱的布局按使用者进行划分，左半侧用来收纳 Cathy 的秋冬季衣物，右半侧是先生的，中间的公共区域上层放包，下层悬挂大衣、卫衣等，衣橱分上、中、下三层，按照衣服的功能进行区分。

ⓐ 衣橱最上层用来收纳羽绒服，按照由浅到深的颜色进行摆放

ⓐ 衣橱中间一层用来收纳毛衣，通过添加分层隔板以及加收纳盒，将毛衣采用直立折叠的方法放于收纳盒中

ⓐ 衣橱下层用来收纳秋冬季的裤子，裤子用反鹅形裤架挂起来

ⓐ 衣橱右边裤架的下方选用尺寸适宜的收纳盒，Cathy 用来收纳冬天偏厚的运动裤，采用直立折叠方式

　　生活整理师晶晶拥有一组双推拉门衣柜。经过持续不断的自我整理和学习课程，她非常明确哪些衣物的颜色、款式、材质等适合自己，能够合理把控物品数量。由于进出有道，她衣柜中的物品已经达到无须换季的最高境界，是懒人们所向往的。

　　晶晶生活在春秋较短、冬季供暖的北京，衣物从季节上被分为 3 大类，夏季穿、冬季穿、春秋季穿。晶晶对衣柜的收纳需求是好用且好看，能悬挂绝不折叠，并且按款式、颜色、长短等规律有序陈列。

◑ 衣柜左右顶部加层板，层板上白色的收纳盒晶晶用来收纳衣物以外的物品，包括主卧床品、孩子的毛绒玩具、旅行用品、滑雪装备、不常用的包等

◑ 层板以下的左侧配有一根挂衣杆，用来悬挂风衣、大衣、羽绒服等长外套，还有长裙和易皱的裤子

▶ 右侧晶晶按季节分为 1 区和 2 区，分别有上下两根挂衣杆

▶ 1 区上层用来悬挂春秋季和夏季上衣，下层用来悬挂春秋季裤子、夏季裤子和半裙

▶ 2 区上层用来悬挂冬季上衣，下层用来悬挂冬季裤子

▶ 衣柜右侧底部的抽屉用来收纳游泳装备和帆布袋，还有不常用的腰带、包带和墨镜等物品

生活整理师刘洪颖在刚刚学完规划整理二级课程时就已经按捺不住对这个
1.8m×2.1m×0.6m 的衣橱空间下手了，但是整理完却仍未逃离先生找东西时的
呼唤。

刘洪颖咨询专业人员后发现了之前被忽视的问题，比如，有些不合身的衣服被
放在了方便拿取的位置，而先生根本不需要；还有些比较旧的衣服被收在了储备区，
却是先生非常喜欢穿的，但根本找不到。另外刘洪颖还了解了先生的要求，每天早
上快速搭配、出差去有温差的城市时衣服能方便装到行李箱、想钓鱼时需要的穿戴
在一起就好。

于是在先生的配合下，刘洪颖对衣服进行了筛选，只要尺码不合适、穿着不舒
服就坚决舍弃。但是在规划空间时稍有纠结，刘洪颖发现橱柜结构不适宜改造，只
能在现有的基础上借助收纳工具解决问题。

刘洪颖打造了同区域换季衣橱，当季悬挂、换季叠放，这样先生就能够实现早
上穿搭高效完成，出差去有温差城市时在换季区直接带走已叠好的衣物就可以，钓
鱼的穿搭分组收纳、专门放置。

◉ 刘洪颖衣橱的左侧部分为当季衣物区，采用上层叠放
使用收纳筐、中层悬挂、下层衣架储备（冬季衣服厚
重，会把多余的衣架放进收纳筐，方便夏天薄衣服增
多时使用）的收纳方式

◉ 右侧衣橱为储备区，黄金位置叠放了先生钓鱼时的服
装，下层为换季衣物区域，用收纳筐竖式收纳物品

2. 衣橱、衣帽间收纳用品及使用方法

Ⓐ 大茶丝滑的夏日衣物安静地挂在防滑的植绒衣架上

Ⓐ 大茶的木质衣架用来悬挂厚外套,夹子形裤架用来悬挂下装

Ⓐ 大茶用靠近袖子下方的伸缩杆解决推拉门被袖子卡住关不上的问题

▶ 针对不同的衣物,大茶用书立代替伸缩杆避免衣物袖子卡住衣橱门

⊙ 大茶蓝白色的衣物横向或纵向"立"在抽屉里

⊙ 大茶先生当季的裤子被统一收纳在视线下方的抽屉里

⊙ 有时候为了让裤子更好地站立，会使用"书立"来协助

⊙ 容量为 66L 的百纳箱，刚好可以放入衣橱中专门用来收纳换季衣物的区域

⊙ 四个箱子里分别存放的是大茶和先生的冬季厚外套、冬季薄外套、冬季毛衣和冬季家居服睡衣

⊙ 百纳箱用来收纳夏日衣物，比起用真空袋进行压缩收纳要轻松得多

⊙ 大茶衣物取出时几乎看不到褶皱

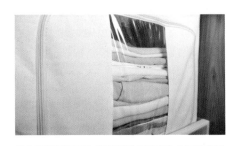

⊙ 正面透明窗口的"千层糕"显得越发"秀色可餐"

◁ 晶晶将原有的实木
衣架和颜色多样的
塑料衣架更换为同
样款式的超薄衣架，
减少视觉干扰

△ 晶晶采用鹅形裤架收纳裤子单向收口，便于拿
取；高度比一般裤架低，可以拓展更多的空间

△ 不需要悬挂的衣物和围巾等配饰晶晶收纳在衣柜之外的抽屉柜里

△ 宜家思库布多格盒有大、中、小三个尺寸，偏大、偏厚的物品收纳在大格子里，小物品收纳在小格子里，采
用直立折叠的方法

◁ 晶晶儿子的床品和家居纺织品
都收纳在宜家思库布收纳盒里，
采用直立折叠的方式

▷ 出门穿的外套和用的包等晶晶收纳在主卧门边宜家的豪嘉柜

▷ 挂衣杆用来悬挂外套，台面上的宜家瓦瑞拉收纳盒存放日常换下的家居
服等暂时不需要清洗的次净衣

ⓐ 晶晶将当天需要使用的包放在台面上，其他
包以及帽子放在柜体抽屉里

ⓑ Cathy 先生的裤子采用悬挂方式为主，折叠
方式为辅。悬挂的是商务款易起皱的裤子，
折叠的是平时休闲穿的运动裤

ⓒ 采用反鹅形裤架，看起来整齐统一

ⓓ 鹅形裤架分为正鹅形裤架和反鹅形裤架，正
鹅形裤架拿取方便，但是悬挂之后由于衣服
的重量不同很难做到高度统一；而反鹅形裤架
悬挂之后非常整齐，但是拿取又没那么方便

ⓐ Cathy 衣橱上层区域中的收纳筐主要用来收纳当季常
穿的衣物，从左到右依次为牛仔裤、休闲裤，秋衣套
装、保暖内衣套装、睡衣、家居服

ⓐ 牛仔裤、休闲裤在叠放时采用了标签朝外的收纳方
法，便于快速找到自己想穿的那一条

ⓐ 秋衣套装、保暖内衣套装、睡衣、家居服采用分组收
纳法，从薄到厚依次摆放

ⓐ 衣橱下层区域刘洪颖主要用来放置因季节变化而
增减的衣架

ⓐ 依据就近收纳原则，还包括当季衣物的配饰，如腰
带、围巾

二、右左脑型的厨房及餐厅收纳

1. 厨房及餐厅整体布局参考

众所周知，U形厨房是首选，但现实总是很骨感。既然无法改变厨房的格局，那就发挥右左脑型的人的优势，L形厨房虽不是"理想男友"，但如果设计得当，说不定也很抢手呢。

⊙ Clara 的厨房整体采用简约白色系，弥补了只有一扇窗户光线不足的缺陷

⊙ 清洗区的物品通通上墙，可以释放台面空间，便于日常清洁

⊙ 必要物品留于操作台，其余均做隐藏处理

这是一个精装修房标配的 U 形厨房，是比较常见的厨房布局。进门右侧是冰箱，中间是水池，左侧是灶台。

在整体收纳规划中，生活整理师 Sandra 按照全家的生活需求，将厨房空间从右到左依次分为家电区、准备区、清洗区、备餐区、烹饪区和装盘区 6 个功能区域，每个空间放置对应操作需要用到的物品。

⊙ Sandra 的家电区，除了台面上的洗碗机、微波炉、电饭煲和冰箱外，下面的橱柜和抽屉中还收纳了一些小家电，例如，榨汁机、料理机、料理棒、蒸锅等

⊙ 相对常用的榨汁机收纳在最下方的抽屉中方便拿取，其余的小家电收纳在下方橱柜中，使用比较大的收纳盒

◁ 虽然台面上的物品比较少，但是 Sandra 每日常
　　用的物品还是会放在外面

▷ Sandra 在吊柜下悬挂了一个挂篮，用于杯具和小
　　件物品的沥水

▷ 网状挂篮下方还能配合不锈钢挂钩夹，夹住密封袋
　　或抹布进行沥水

▷ 旁边使用磁贴，将用来收纳下水道滤网的十字收纳
　　盒固定在吊柜下方

　　半开放式的厨房是大茶尤其喜欢的家庭区域。阳光从百叶窗中折射出的光影均
匀地洒在米白色的台面上。厨房的顶部和周边被精心挑选的木饰面颜色包裹着，视
觉上温润如常。浅一号木色的整体橱柜和深一号木色的整木吧台也被合并设计成 U
形的结构，实现整个厨房的收纳功能。

◁ 大茶厨房中抽油烟机的金属材质与右侧的烤
　　箱默契地呼应

◁ 大茶使用各种形式的墙面收纳工具，如金属挂杆、金属托盘、木头隔板、树枝形挂钩、柜体下悬挂件等

◁ 两块长短不同的木质层板错落地附着在墙上。层板下方用木头雕刻而成的树枝形状挂钩用来悬挂轻软的擦手巾

◁ L 形厨房的转角处除了沥水篮和菜刀架的位置，台面的其他部分可以作为大茶做饭时的备餐台

◁ 墙面和柜体下的悬挂件大茶用来收纳清洗后的杯子、厨房纸巾和烹饪时常用的调味品

◉ 一个可吸附在抽油烟机上方的纸巾包、一个固定在灶台正上方的免打孔金属隔板和几个新的调味品瓶子

◉ 由于瓶身的高度和重量，原有的墙面金属托盘已经不足以承载，因此大茶在灶台上方区域新安置了隔板

　　厨房里的烟火气传递的是家的味道，也是家人暖暖的爱意。生活整理师蒋蒋小时候每到饭点，厨房总是飘来阵阵香气，但每次父亲做完菜，厨房的清理难度用蒋蒋的话来形容就是"像清理战场一样麻烦"。她总是很羡慕杂志上那些整整齐齐又有条理的厨房，希望在自己家的厨房能够做到轻松做饭又能轻松打扫，重要的是有让人想下厨的冲动。

　　蒋蒋在装修自己家的厨房时，下定决心打造一个每次使用完物品后都能快速收拾的厨房收纳系统，这样才能拥有"下厨的冲动"，右左脑的人的厨房"颜值"不能太普通，他们可是既要美观又要实用的小可爱呢！

◉ 银色、白色和原木色的物品组合搭配

◉ 蒋蒋在吊柜下安装了柜底灯，手一扫就亮

由于右左脑型的人对空间的把控能力较好，蒋蒋将自己在厨房的操作动线梳理了一遍，将厨房物品配合"取—洗—切—煮"的操作步骤进行大致分类：食材类（新鲜食材、干杂食材）、洗涤物品类、切菜烹饪工具类＋碗碟类、调料类＋小厨电类、厨房备用存货类，然后根据操作顺序安排好各种大类物品的位置。

每个操作步骤所需要的物品都放置在操作台面附近，这样做起饭来再也不用忙得团团转了。为了尽可能地让厨房看起来美观，蒋蒋尽量精简放置在外面的物品，只将最常用的物品放在最顺手的位置，其他物品根据常用度就近收纳在橱柜或吊柜里，用透明容器装起来，这样只要打开橱柜就能直接看到里面的物品，美观且实用。蒋蒋说："我的愿望实现了，我现在很享受在厨房的时刻，感觉做饭变得轻松了！"

ⓐ 蒋蒋的厨房由一个标准的"7字形"台面加一个吧台构成"半 U 形"

晶晶希望自己家的餐桌是只放一个纸巾盒的空白台面，单纯的只是用来吃饭、喝茶、会客、看书和做手工，不喜欢零食、水杯、茶叶和水果等物品占据桌面的空间。想要实现这样的愿望，晶晶就要有意识地保持餐桌只用作操作台面，而不是各种杂物的收纳空间。一个距离餐桌近且分区合理的餐边柜可以为以上各类物品做好分流，有效地避免家人在餐桌上随手乱放物品。

⊛ 餐边柜分为上下 5 个收纳区域，顶层、玻璃展示柜、台面层、抽屉柜门区和底层

⊛ 餐边柜的大部分区域用来收纳晶晶的茶叶、茶杯、茶壶、煮茶器等

⊛ 晶晶将常吃的零食收纳在抽屉和柜门里，方便拿取，备货收纳在相对较高的顶层，最下层用来收纳不需要放进冰箱的各种水果

　　生活整理师罗布的居所是一套 56m² 的 loft 公寓，进门过了玄关紧接着就是厨房。由于厨房操作台面积有限，罗布尽量使用墙面收纳，又因墙面收纳显得物品杂乱，就将锅具、餐具和工具的材质与颜色尽量呼应，这样在视觉上不显杂乱。物品按使用位置就近收纳，呼应右左脑型的人的特点：不那么难看又很好用。

ⓐ 罗布将水池附近的所有物品上墙收纳，确保
　 潮湿的工具、餐具可以通风速干

ⓐ 切菜板为不会发霉的不锈钢材质的砧板

ⓒ 水池上方的吊柜罗布用来收纳食材和调味料

ⓒ 下层伸手可及的位置用来放最常使用的调味
　 品和主食类食材

ⓒ 上层用来收纳偶尔才使用一次的食材

　　在生活整理师洛辰眼中，厨房是家的核心区域之一，厨房的味道是家人最温暖
的记忆。所以洛辰在装修房子的时候，对厨房花了非常多的心思。

　　作为一个追求完美的右左脑型的人，洛辰在装修前翻阅了很多资料，总结各种
必要的知识点，再结合自己家的实际需求，最后应用规划整理的思路和方法，设计

了整个厨房的布局。

　　洛辰希望自己的厨房既方便好用，又美观好看，整个厨房的规划设计都围绕着这两点来进行。由于厨房和餐厅是连着的，洛辰便做了中西厨结合、餐厨一体的设计。

　　厨房面积 6m² 左右，窗户在短边，门开在长边，最适合设计成 U 形厨房，这样也是空间利用率最高的布局，这块区域主要用来作为中厨区。

◁ 洛辰的地柜有足够多的抽屉用来分类收纳厨房中的各种物品

◁ 常用的物品上墙收纳，保证用的时候能随手拿到

◁ 洛辰中西厨的中间有一张大大的餐桌，菜多的时候用作备菜补充区，还可以当作吧台

　　生活整理师叶子的厨房是"二"字形布局，左右两排柜体平行，最里侧是一个朝北的小阳台。小阳台有窗，叶子可以俯瞰小区景观。叶子原本不爱做饭，但是一想到下厨时有美景相伴、清风徐来，便有了进厨房的动力。

　　有橱柜的隔墙作为遮挡，小阳台的储物空间比较隐蔽。北方人冬天喜欢存储一些苹果、梨、土豆、红薯、白菜等应季果蔬，小阳台没有铺设地暖，是个绝佳的天然冷藏室，被老太原人称为"凉间儿"。这样既有功能性，又有美观性，这个厨房结构对于右左脑型的叶子是近乎完美的。

ⓐ 东面的地柜长 288cm，有 8 个抽屉，并留出了一个安置小推车的空间

ⓐ 8 个抽屉深浅不同，用于分类收纳调料、小工具、杂粮、厨电充电器（线）、米面箱、洗菜盆、保鲜盒等

ⓐ 地柜台面高 80cm，宽 50cm，用来收纳高 78cm 的宜家小推车，这是洋葱、胡萝卜等不需要放在冰箱的蔬菜的家

ⓐ 橱柜为低饱和度的灰色，台面和灶具底板都选用了白色，全部柜体都没有安装把手

ⓐ 吊柜高度为 145 ~ 200cm，顶上空余的空间封了挡板防止落灰。第一层预留了收纳小型电压力锅、早餐机等小电器的空间。第二层用来收纳较轻的干货类食材

ⓑ 洛辰靠墙放了一排餐边柜，搭配烤箱和厨师机，柜子用来收纳烘焙相关的物品

2.厨房、餐厅收纳用品及使用方法

ⓐ 叶子厨房西侧的地柜用来收纳洗碗机和一组水槽

ⓐ 水槽为黑色大单槽，下面安装了厨余垃圾处理器

ⓐ 地柜空间留出垃圾桶的位置，使用智能感应打包垃
圾桶可以减少套垃圾袋和封口的步骤

ⓐ 水槽左侧为碗盘沥水架，在墙的高处用旋转挂钩挂
起铲子、汤勺、漏勺等常用长柄厨具

ⓐ 水槽右侧台面用来放置最常用的电饭煲和热水壶

ⓐ 单层置物架叶子用来收纳最常用的调料，包括炒菜
油、芝麻油、酱油、醋、盐五种

ⓐ 白色铁艺置物架是可拆洗的

ⓐ 墙面置物架上挂了一个用来随手清洁灶台油渍的清
洁瓶，配合懒人抹布使用非常方便

ⓐ 专属宝宝的调味品
Clara 放置于固定
的收纳盒中，并贴上
标签

ⓐ 贴心的斜视设计，可以
直接锁定目标物品，节
省时间

ⓐ 底部带滑轮的设计便于
操作，必要时 Clara 可
以全盘端出，节省力气

ⓐ Clara 选用的收纳盒
颜色简约大方，所有
物品放置于此，各类
包装被隐藏，视觉上
清爽且美观

ⓐ 平口提手设计使物品更
便于抽出

ⓐ 透过提手处还可以看
到物品的余量，便于
Clara 及时补货

◁ sandra 将不常用的杯子放在叠放的收纳盒中，较常用的杯子直接放在外面方便拿取

◁ 宜家的分隔架将较高空间分为上下两层。

◁ 上层收纳的咖啡杯每个造型都不一样，所以使用了一个旋转置物架，这样可以旋转挑选杯子。下层收纳的杯子造型相同，直接从里到外排列

◁ 水槽上方的吊柜 sandra 用来收纳餐具，上层用来收纳不常用的备用碗盘，下层用来收纳备餐时常用的碗碟

◁ 可伸缩的分隔置物架将本来两层的收纳空间分为了四层

◁ 水池下方的空间 sandra 用来收纳备餐工具、清洁工具、炖汤的砂锅和煮面的雪平锅

◁ 分层置物架将水池下的空间分成了三层，放置平时使用的工具和锅具

◁ 在柜门上使用粘贴式挂杆，将常用的清洁剂和抹布挂在上面

◁ 一些零散的小工具放在了抽拉式收纳盒内

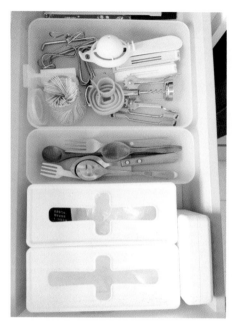

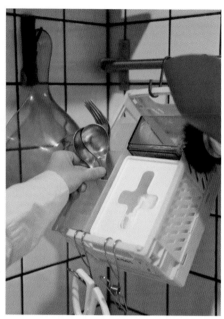

⊙ sandra 用两种分隔收纳工具对抽屉内部空间进行
　分隔

⊙ 敞开式收纳盒用来收纳常用的零散小工具

⊙ 十字收纳盒用来收纳保鲜袋和密封袋

⊙ 大茶在水槽上方用 S 形挂钩将一个塑料收纳筐吊在
　金属挂杆上，用来收纳在水槽周边使用的滤网兜、
　清洁海绵和清洗后的调羹刀叉

⊙ 下方还可以用 S 形夹钩收纳剪刀和抹布等

⊙ 大茶在木头隔板上面摆
　放着几个小白帽密封
　罐，旁边还有长颈鹿玩
　具、粉色小花等陪伴着

◀ 大茶用柜子下悬挂件收纳新买来的黄色砧板

▶ 大茶根据厨房收纳上轻下重的原则，橱柜上方
收纳着面和咖喱等食材

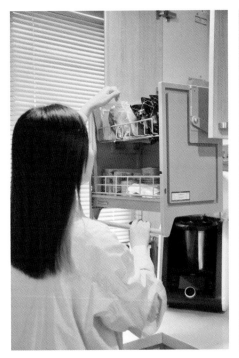

▲ 拉篮在橱柜系统之中，方便大茶从立着的收纳物品
中快速拿取

▲ 大茶用来收纳各种脱水菌菇的密封罐由于"身材"
修长，不得不平躺在层板上

⬀ 吊柜的下层蒋蒋用来收纳各种豆类和杂粮类食材

⬀ 使用后高前低的两排透明收纳盒不仅可以更好地匹配柜体深度空间，还能直接看到所有食材的存量

⬀ 吊柜的上层由于拿取不便，存放的都是不常用的备用杯子，借助分层收纳架和收纳盒帮助区分不同材质

⬀ 蒋蒋使用统一的瓶子和罐子装调味料

⬀ 在墙上使用了带钩的免钉收纳架

⬀ 橱柜抽屉为暗拉手设计，每层抽屉都比较浅，主要用来收纳常用的厨房湿巾、小工具和餐具

⬀ 蒋蒋在抽屉内使用分隔盒将小件物品一一区分

⬀ 蒋蒋将冰箱门上使用宜家的磁铁收纳盒收纳物品，盒子透明的视窗一目了然，用来装牙线棒和牙签

⬀ 冰箱侧边的收纳架也是磁吸式的，专门存放各种型号的保鲜袋

⬀ 蒋蒋吧台的地柜用来收纳比较重的粮油和备用调料等物品

⬀ 每个收纳筐按物品的用途分类，收纳筐可以直接拉出

ⓐ 晶晶的餐边柜的最上层放置了 3 个尺寸适宜的藤编筐

ⓐ 餐边柜的左侧用来收纳不常用的水杯和客用水杯

ⓐ 保健品、蜂蜜、小工具等收纳在带提手的白色收纳盒中

ⓐ 晶晶餐边柜的右侧用来展示最爱的茶具，配合感应灯

ⓐ 晶晶的餐边柜的抽屉用来收纳常用的茶具和茶叶

ⓐ 茶具用分隔的收纳盒收纳

ⓐ 晶晶的餐边柜的台面用来收纳使用频率很高的微波蒸烤一体机

ⓐ 剩余的桌面空间用来放托盘，可以收纳烧水壶、煮茶炉、茶壶以及常用水杯

ⓐ 晶晶用统一的茶叶盒收纳茶叶

ⓐ 在茶叶盒上贴上写有茶叶名的标签

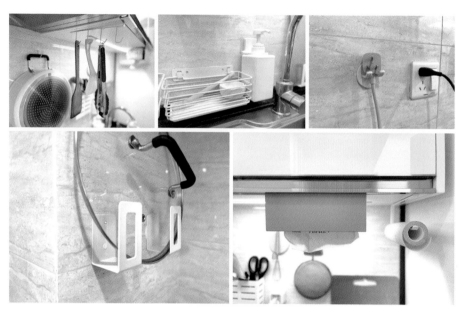

ⓐ 锅、锅盖、常用餐具和工具、插头等罗布进行了上墙收纳

ⓐ 罗布选用的收纳工具为纯白色，与环境融为一体

ⓐ 罗布的厨房墙面砧板收纳架和台面洗洁精泵头

▶ 罗布的厨房水池下方洗洁精泵头连接处

◉ 洛辰的厨房右侧水槽区为高低台面，更符合人体工学

◉ 常用物品上墙收纳，色系以黑、白、原木色为主

◉ 宜家的贝卡姆置物架来收纳调料，一层放液体类，另一层放固体类

◉ 勺子、锅铲、刷子、菜板等上墙收纳，拿取方便，容易沥干

◉ 开放性的层板洛辰用来收纳常用的干货、茶叶等

◉ 全部使用统一的透明食品收纳盒

◉ 各种杂粮如红豆、绿豆、花生、黄豆等，洛辰用统一的密封收纳盒收纳在吊柜的下层

◉ 一些不常用的物品，如备用水杯、茶具、备用密封袋等放在吊柜上层

◉ 比较常用的大包干货和食品盒收纳在吊柜下层

◉ 洛辰选用统一的白色收纳盒，再贴上标签

◉ 洛辰用抽屉收纳筷子、密封袋等小物品，用分隔盒分类收纳

◉ 手套放在十字收纳盒里

▲ 厨房左侧拐角处洛辰安装了一条滑轨，配上S形钩，用来收纳常用的锅

▲ 在使用空间较小的地方，茉莉用尺寸适宜的小推车对物品进行收纳

◁ 在小推车的最上层和中间层茉莉
使用 ChangSinLiving 的冰箱侧
门收纳盒，一层可以配置 5 个

◁ 此款收纳盒有 400mL 和 850mL
两种尺寸，可以搭配使用，盒盖
处有卡槽，方便两层甚至多层
叠放

▷ 在小推车的最下层茉莉
使用霜山厨房用密封
罐，盒盖是透明的，不
用贴标签也能迅速找到
需要的物品

▷ 最下层较高，适合放置
高一些的储物罐，可以
用来收纳数量较多的零
食干果，如红枣、核桃

◁ 周潞在台板区选择把手式
透明冰箱收纳盒类收纳各
类食材

◁ 考虑到冰箱保鲜区内部的
温差，将各类食材分区
摆放

◁ 可见性强的透明冰箱收纳
盒将根茎类蔬菜分层收纳

◁ 叶类蔬菜和水果放入抽屉
保鲜层能避免水分的过快
流失，延长保鲜时间

三、右左脑型的书房收纳

1. 书房整体布局参考

生活整理师 Hannah 的工作很大一部分是案头工作，比如，写稿、做方案，所以家中的工作桌是高频使用的。在 Hannah 卧室的床旁边，有个 L 形的桌子，她把这块区域打造成了工作学习专区，整个区域以开放式或半开放式收纳为主，适合右左脑型的 Hannah。

◉ 工作电脑及常用物品 Hannah 就近收纳在桌面区域

◉ 上方吊柜的左侧用来收纳工作时经常需要翻阅的整理类书籍

◉ 右侧用来收纳一些需要伏案阅读的严肃类书籍

◉ 中间格子不同于两侧，是带柜门的，用来收纳不常用的物品，比如，收藏多年的明信片、电影票、展览票等

▶ Hannah 在 L 形桌子的下方，用统一的半透明鞋盒收纳换季鞋子

▶ 两个带柜门的格子因为不可见，用来收纳一些备用的笔记本等低频使用物品，开放的两个格子则用来收纳常用的药箱和文具

▶ 文具用半透明小抽屉分类收纳

在房价不低的厦门，可以在房屋内拥有一间书房，对于大茶和先生是一件尤其幸福的事。这间书房在房子的原始布局中属于生活阳台区域，但设计师好友受到大茶的委托，将其改造成了书房。

在公司上班的两个人，夜晚回家后需要工作时就一人坐在 L 形桌子的短边，一人坐在 L 形桌子的长边，偶尔也会交换位置。虽然当时书房空间绰绰有余，但伴随着两人先后离职、创业，两人的办公设备、相关用品和书籍都有所增加，比如打印机、做播客用的话筒以及与彼此工作相关的书籍等。再加上大茶成为规划整理三级认证课讲师之后，又添置了为上课而准备的收纳练习道具，空间就越发捉襟见肘。

◁ 大茶的书房包括一面顶天立地的书柜、一张连接了整个书房的 L 形悬浮桌板以及两个被桌板隔开的收纳柜

◁ 行李箱按照使用频率的不同放到了 L 形悬浮桌板的转角处

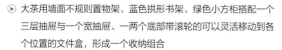

▲ 大茶利用墙面空间收纳装饰型物件与工作用写字板等

▷ 大茶用墙面不规则置物架、蓝色拱形书架、绿色小方柜搭配一个三层抽屉与一个宽抽屉、一两个底部带滚轮的可以灵活移动到各个位置的文件盒，形成一个收纳组合

　　晶晶作为全职生活整理师，除了上门咨询和上门整理，其他时间几乎都是在家办公，需要为客户制作规划方案、写书稿、听线上课、讲线上课和开线上会。正因为在书房的时间很多，所以她对书房的规划非常用心，要求一定要整洁、好看、好用，更重要的是一定要减压舒适。

　　书房由两组顶天立地的书柜、带轮塑料抽屉柜、一张白橡木升降桌，还有一组洞洞板层板架构成。

◉ 晶晶书柜的层板可调节，能合理放下所有尺寸的书籍且不浪费上层空间

◉ 左侧书柜用来收纳孩子的所有书籍、文具以及纪念物品

◉ 右侧书柜用来收纳晶晶的书籍、各类文件、学习资料、香薰、鲜花和心爱之物

　　学习了规划整理课程后的生活整理师子霖，开始经常思考"如何更便利地工作与生活""物品的摆放是否使孩子也可以轻松使用"。在参考了女儿的学习状态与自身的需求后，子霖决定放弃使用大众化的儿童学习桌，与孩子一起在宽敞的客厅一角共同打造了一个独立的工作学习区，干净利落，孩子也可以轻松操作。

　　利用大板桌宽敞、开放的特点，母女俩一人一侧相向而坐，可以同时满足工作、学习和陪伴的需求。子霖与孩子都是右左脑型的人，对收纳布局同样要求兼具实用与简洁美观。桌面上摆放的必需品尽量统一色系，可以降低视觉噪声，不会影响两人的专注力。

⊙ 在桌面的一角子霖放置了纸张回收盒

⊙ L 形的墙面上除装饰外，子霖还增加了洞洞板收纳工具与留言小黑板

⊙ 母女俩座位的侧面是各自的收纳柜

　　生活整理师大宇家的客餐厅是日常饮食、阅读、工作、会客四位一体的家庭生活核心区。书架是大宇家客餐厅的视觉中心，也是最重要的功能家具，肩负着图书收纳展示、艺术藏品展陈、茶叶收纳、文件收纳和绿植架等多种功能。

　　右左脑型的人对审美有着近乎偏执的追求。白色的书架与桌面、吊灯呼应，对一个只有 8m² 且没有阳光直射的空间，作为功能性家具，书架更像是舞台，为色彩丰富的图书、充满人生回忆的藏品和生机勃勃的绿植提供了完美的展示空间。

▶ 大宇书架上的图书和物品来自世界各地，有来自大英博物馆的画册、美国艺术家的摄影作品、法国的手工蜡烛、日本的青瓷花器、芬兰的玻璃花瓶、中国台湾的仿汝窑香炉

书架即舞台，为图书、藏品、绿植提供完美的展示空间。大宇选择了一对经典的宜家毕利书架，开放式的书架使物品拿取便利，能够满足右左脑型的人需要一眼看到、立刻取出的需求。书架隔板可以根据储物需求灵活调节间距，提高空间利用率，对于完美主义又有点强迫症的右左脑型的人非常友好。

▶ 书架的黄金区用来收纳大宇最常阅读的整理、心理、设计和料理类书籍

▶ 书架最上层用来收纳经济、管理、艺术类的工具书，这些书都不常用，所以放在书架的白银区

▶ 文件类的物品使用频率更低，因此收纳在书架的最下层，根据永久存放和正在使用分类存放

▶ 厚重的画册收纳在书架的下部，全部横向叠放，每层只放置十本左右

茉莉的孩子特别喜欢画画，之前没有专门的画画用品收纳区域，只能用笔袋以及透明亚克力盒子收在抽屉里，还有一部分收纳在高处的柜子里。孩子每次画画时，需要大人协助才能找齐所有绘画用品。由于绘画区和学习桌在一起，绘画本以及勾线笔等和学习区域物品混放，导致孩子分心。

▶ 孩子的绘画区域位置背靠冰箱，茉莉用宜家巴格布书架收纳所有与绘画相关的物品

▶ 笔按类型进行分类，图画本以及绘画相关书籍统一收纳在书柜下层

2. 书房收纳用品及使用方法

Ⓐ Hannah 的半透明小抽屉适合用来收纳各类小件文具，其中一个小抽屉专门用来收纳纸胶带，根据颜色和款式整齐排列在抽屉里

Ⓐ Hannah 的活页本用来收纳各种票据，并且有多种内页形式，电影票、话剧票、明信片等大小不一的票卡都有合适尺寸的内页进行收纳

Ⓐ Hannah 专门用来收纳火车票、电影票的小分隔内页，可以任意调整不同页面的先后顺序

Ⓐ 电脑下面的多功能插座盒 Hannah 用来收纳常用的充电器，利用扎线带或小皮筋固定电线，避免缠绕

⊛ 墙面的方格网上夹着一些大茶作为规划整理师的"纪
念品"

⊛ 大茶沙发床的位置靠近阳台，承担着收纳衣物的
功能

⊛ 沙发床角落有一个红色小推车，中间一层用来收
纳便携熨烫机或者毛球修剪器

◁ 沙发床的边缘放着一个米色三重拱形造型的迷你
书架，大茶用来收纳最近在看的书籍和要用的
资料

⊙ 蓝色拱形书架的倒数两层放置了一些白色收纳盒，用来收纳大茶学习规划整理课程时的纸质资料、创业时期的咨询资料以及开设课程之初的逐字稿等

⊙ 书桌上方安装了一块宜家的洞洞板，装上笔筒盒、隔板架和书立架，大茶用来收纳办公时常用的 iPad、笔、记事本、眼镜、钟表和香薰精油等小物品

◉ 晶晶书桌左侧的抽屉柜用来收纳各种电子产品和常用小工具

◉ 抽屉上方的白色盒子是公牛的插座盒，里面自带一组插排，各类充电线都可隐藏其中

◉ 托盘用来同时收纳水杯和水壶

⊙ 各类文件、保单和学习资料都被晶晶收纳在霜山的文件盒里，一类一盒

◁ 晶晶书架上的宜家瓦瑞拉收纳盒
是一个偷懒盒，可以将孩子没
有及时归位的物品和书随意放在
这里

◁ 挂在层板上的收纳架专门用来收
纳孩子学习用的 iPad

◁ 笔按照类型分类，茉莉用统一的
文具盒进行收纳

◁ 最后方为马克笔，使用铁艺马克
笔展示架收纳

◁ 其他类型的笔按照勾线笔、彩色
铅笔、水彩彩色铅笔、彩色圆珠
笔、水彩笔、钢笔、水笔、铅笔
进行分类，用 10 个白色塑料文
具盒统一收纳

◁ 孩子上线上绘画课时使用的耳
机、充电器以及最常用的笔袋茉
莉用一个小号宜家瓦瑞拉收纳盒
进行收纳

◁ 其他不常用的笔袋放置于另一个
瓦瑞拉收纳盒内

Ⓐ 抽屉用来收纳常用的办公文具、标签机及其配件

Ⓐ 子霖将标签机的包装盒盖子再利用，成为最适合用
来收纳色带的收纳盒，尺寸也恰到好处

Ⓐ 子霖用田字格柜子收纳孩子的书包和常用学习用品

Ⓐ 柜子中较小的格子用来收纳一些孩子的跳绳、彩笔
等需要每周使用，但不需要每天携带的学具，并做
好标记

▶ 子霖的桌面与
墙面形成了
很好的收纳配
合，洞洞板兼
具展示作用

◀ 子霖粘贴式的层板架托可以
调整柜内层板间距，只要背
胶质量过硬，找到合适的着
力点，就可以用来收纳书包

▲ 古拙的柴烧茶叶罐容量大，适合装最常喝的老寿眉和六堡黑茶，摆放位置与椅背同高

▲ 茶叶罐、香炉、花瓶与茶道、花道书籍摆放在同一层隔板上，兼顾实用与美观

▲ 在下两层大宇巧用蜡烛和奇石将不同种类的画册分隔

▲ 使用频率不高的文件大宇放置在书架最下层，长期存档的文件使用有盖的文件盒收纳，整齐且隔灰

▲ 开放式的文件盒存放经常"流动"的工作文件，根据不同的文件属性选择相应的文件夹，如风琴夹适合收纳同一位家庭成员的全部保险单，活页夹适合收纳各种合同

◀ 大宇收纳书籍时将书脊与书架隔板的外沿对齐

◀ 书籍可以直立也可以叠放，一方面营造了陈列的层次感，另一方面也可以充当书挡，防止直立的图书倒下

▶ 大宇将图书按照内容分类，每一类书籍摆放在同一层隔板上，摆放时由高到低依次排列

▶ 如果同一本书有两册以上或者是系列图书，要尽量放在一起

▶ 摆放时也可以考虑按照书脊颜色排列，增加视觉协调性

▶ 古董茶碗单独陈列，在一层隔板上一字排开

四、右左脑型的玄关、客厅及阳台收纳

1. 玄关、客厅及阳台整体布局参考

一张陪伴了大茶一家很多快乐时光的"蓝胖子"沙发、一张尺寸恰到好处的茶几、一个外观造型复古的电视柜加上墙上几块装修时木工现做的木头隔板，就是大茶家客厅的所有家具了。

一块很适合在冬天把双脚踩上去的绒毛地毯，让视觉聚焦在了客厅中心。但只要电视机开启，大茶和先生的视线就会默契地聚焦过去。在电影和综艺资源丰富，还能连线玩 PS4 和 Switch 游戏的 55 寸电子屏幕是大茶和其先生工作之余的精神放松所在。

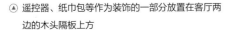

ⓐ 茶几作为大茶夫妻两人吃饭的迷你餐桌，日常放置美味料理和花瓶

ⓐ 遥控器、纸巾包等作为装饰的一部分放置在客厅两边的木头隔板上方

ⓐ 电视机柜用来收纳家庭药品和大茶协助陪伴整理时所需携带的工具

⊙ 大茶的大型开放式收纳架可以根据收纳的物品而呈现不同的收纳方式

　　由于受空间限制，生活整理师付付在客厅舍弃了沙发和茶几，一家人以餐桌为中心，在这里吃饭、学习、工作、休闲和娱乐，与其说这里是一个客厅，不如说是一个多功能厅。

◀ 付付的客厅整体为规则的长方形，四周分别是餐边柜（东）、书柜墙（南）、电视柜（西）、窗户（北），餐桌在中间

ⓐ 付付家客厅的家具大部分是高柜，颜色基本统一为白色

ⓐ 书柜以开放式收纳为主

▶ 餐边柜、电视柜付付均以封闭式收纳为主，且台面预留出很大的空间，可以随时收纳餐桌临时的物品

　　蒋蒋家的客厅是传统的电视＋电视柜、沙发＋茶几的配置，工作日时电视使用得比较少，休息日时蒋蒋会和先生一起在沙发上看电影。客厅更多是夫妻俩用来放松的地方，客厅的空间基本只用来存放公用物品和装饰品。

▶ 蒋蒋的电视柜脚下藏着的扫地机器人随时等待主人唤它出来服务

　　蒋蒋家没有专用的书房，书柜正对着餐厅，需要时夫妻俩会把餐桌变成家庭临时办公桌，整面墙的开放式书柜让看书与办公变得十分方便。

◉ 书柜最上层蒋蒋用纸箱收纳旅游纪念品和纪念相册

◉ 书籍按照使用者的高度进行分区收纳，最上一层和中间左侧的书籍属于蒋蒋的先生，中间右侧和下层的书籍属于蒋蒋，而书柜最下方空余的部分是为未来的孩子预留的

　　作为租房党的罗布，搬家是周期性的动作，加上最近又爱上了露营，便把部分家具替换成了颜值高、收纳方便，同时又能够作为室内家具的露营装备。

◉ 当家里来客人时，露营椅可以当作小型的单人沙发

◉ 露营小推车当成罗布用来泡茶和喝咖啡的小茶几

◉ 露营折叠收纳筐加四个轮子当作躺椅边上的小边几

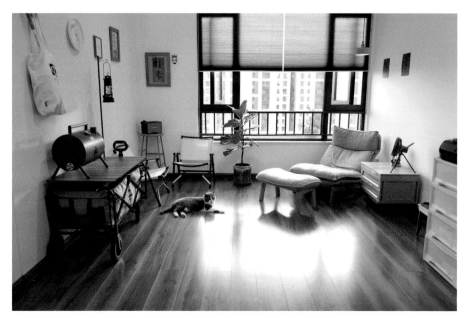

茉莉家阳台的面积较小，大约只有 1.8m²，晾晒区和储物区都在这个空间。由于原来的洗衣机没有烘干功能，晾晒衣物会使整个区域变得压抑（全部集中在头顶位置）。在更换了带烘干功能的洗衣机后，茉莉可以直接取出衣服，悬挂于各自衣柜，手洗衣物悬挂于洗衣机上方，使得空间变得整洁而清爽。

原先的置物架只有 1.2m 高，导致很多物品无法放置，物品堆叠看起来混乱不堪。现在茉莉采用宜家普拉萨置物架（60cm×40cm×180cm）收纳家庭存储用品，使得空间利用率大幅度提升。

◁ 宜家小推车用来放置茉莉姥姥的物品

◁ 常用差旅箱放置于阳台，便于先生拿取

▶ 宜家的普拉萨置物架长、宽、高分别为 60m×40m×180cm

▶ 垃圾袋以及工具类物品放置于置物架最下层，用宜家索克比收纳盒收纳

▶ 食品类物品用霜山敞口式收纳盒收纳，使用频率相对较高，方便拿取

▶ 置物架最上层茉莉用索克比收纳盒收纳不常用的工具以及烘焙用品

2. 玄关、客厅、阳台收纳用品及使用方法

ⓐ 抽屉用来收纳药品，大茶严格按照药品的功能来进行分类，周期性地检查药品保质期

ⓐ 药品分隔、竖立收纳

▶ 收纳架用来收纳大茶及其先生的咖啡、茶、汤料包、小零食，大茶的所有包袋、出门物品、口罩、饰品、电器、杯子、清洁用品、心动物品等

▶ 兼具为家里两只猫提供吃饭和喝水的功能

▶ 收纳工具分别有——一体式三层抽屉整理盒、河马口收纳箱、普通型白色收纳盒、折叠收纳筐、白色文件盒、粮食密封箱、面包箱等

◀ 抽屉大茶用来收纳咖啡、棒棒茶、汤料包等

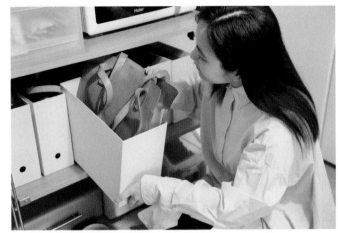

▶ 文件盒用来收纳包袋，放在靠近玄关的收纳架上，大茶每次出门前可以根据要前往的场合随心进行选择

▲ 在收纳架的黄金区域高度上放置着三层抽屉整理盒与收纳盒，大茶用来收纳需要带出门的物品、饰品以及每日必戴的口罩

◀ 迷你版本的密封袋用来收纳饰品

◀ 大茶把饰品竖立摆放于收纳盒的敞口中，放置于收纳架的黄金区域高度

ⓐ 餐边柜付付用来收纳较为零碎的物品

ⓐ 需要每天使用的煮茶器、茶叶以及隔热垫放置在台面上，其他物品则收纳到抽屉里

ⓐ 与平开门的柜体相比，抽屉柜虽然价格略高，但抽拉十分灵活轻巧

ⓐ 零食冲饮类物品优先收纳在餐边柜的第一层抽屉中，且是靠近冰箱的那一侧

ⓐ 在抽屉内部付付使用的是不带盖的收纳盒

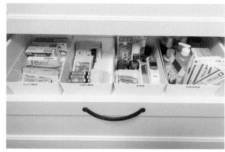

ⓐ 餐边柜用来收纳药品，从左到右分别是：大人口服药、孩子口服药、外用药、消毒用品

ⓐ 消毒类药品付付收纳在餐边柜的第二层，与零食冲饮类物品一样选择用不带盖的收纳盒

ⓐ 书柜付付用来收纳孩子的文具，与纯透明的收纳用品相比，磨砂质地的小抽屉外表清爽整齐

▶ 书柜用来收纳孩子的学习文件，按科目分类，一个文件盒收纳一个科目

▶ 文件盒斜口面朝外，付付都贴了标签

◀ 组合储物柜付付用来收纳家庭文件，按文件内容分类，比如，购房、购车、保险合同等

◀ 文件盒斜口面朝里、高的面朝外

▶ 电视柜的抽屉多用来收纳一些公用的小件物品

▶ 蒋蒋使用抽屉分隔盒给物品分区，将小物品尽量分隔开来

⊙ 小件的露营装备罗布洗刷干净，重新整理一番装到收纳筐中

⊙ 三个大号霜山储物盒茉莉分别用来放置矿泉水以及牛奶

⊙ 茉莉用霜山收纳盒搭配霜山密封罐收纳不常用的食材

五、右左脑型的卧室收纳

1. 卧室整体布局参考

卧室最主要的功能就是睡眠。虽然大茶的睡眠一向很好，但大茶先生的睡眠质量却并不稳定，于是一张北欧家居品牌的宽 1.8m 超舒适大床、一张五星级酒店同款床垫、两片遮光性极好的窗帘这三件套，就成为这间卧室最主要的配置。

由于宽 1.8m 的大床距离衣橱以及飘窗的位置太近，于是大茶放弃使用床头柜，改为在床头板的左右两个区域安置了黑白两色的极简置物架，用来收纳细碎的小物品。

Ⓐ 两边的床头灯大茶选择了黑白两色的极简吊灯，与黑白两色的极简置物架彼此呼应

Ⓐ 床头正上方悬挂着一幅粉色球体的抽象艺术作品

2016 年，在需要设计和制作衣橱的阶段，大茶正好在看日剧《我的家里空无一物》。女主角夏帆的客厅中，白色墙面加上木头边框的饰面结构作为主要的画面背

景，属实让大茶印象深刻。所以大茶在设计衣橱时除了认真地研究内部的结构是否契合自己与先生的衣物类型之外，还在衣橱外观的设计上参考了《我的家里空无一物》剧中白底＋深色木头边框的颜色搭配，委托衣橱品牌进行量身设计。所幸当衣橱最终制作完成安装后，视觉效果完全符合大茶的期待。

⊙ 大茶的白底、深色木头边框衣橱

十分喜欢木饰面的大茶委托设计师好友在卧室里设计了由木饰面所构成的"画框"型飘窗。

▷ 大茶家飘窗左侧的收纳柜由木工在现场制作完成，延展了卧室的收纳能力

　　罗布的卧室是在阁楼上，层高不高，仅够坐在床上不碰头，所以卧室正好可以回归比较质朴的功能——休息。

⊛ 罗布床头有一个小台面，用来收纳不想外借，属于收藏级别的书籍，偶尔睡不着的时候也可以翻阅助眠

◁ 罗布看书用的充电感应灯和提供氛围的香薰灯

◁ 感应灯的位置正好能够满足坐在床上或者靠在床头阅读书籍

2. 卧室收纳用品及使用方法

Ⓐ 飘窗收纳柜被大茶改造成了化妆区

Ⓐ 收纳柜下方添置了一个双层置物架，无论在上方还是下方都能放得下收纳筐

Ⓐ 化妆品依据使用的频率分类，经常使用的放在上面的收纳筐，不常使用的暂时放在下面的收纳筐

Ⓐ 床头区域的树枝形挂钩大茶用来收纳手机充电线

Ⓐ 主卧有两个放置在床尾的次净衣物架

Ⓐ 白色落地衣架属于大茶，用来收纳大茶的次净衣物；木头衣架属于大茶先生，用来收纳大茶先生的次净衣物

Ⓐ 米色的布艺收纳筐大茶用来收纳睡衣或者家居服

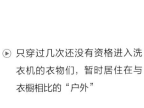

Ⓐ 只穿过几次还没有资格进入洗衣机的衣物们，暂时居住在与衣橱相比的"户外"

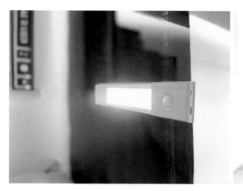 

⊙ 罗布用磁吸将感应灯固定在玻璃墙上，既省空间，看起来又舒服

◉ 可以插手机的排插收纳盒，罗布把电线藏在盒子里
的同时又可以有很多充电接口选择

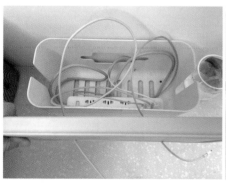 

⊙ 在床头要用的电器（循环扇、精油灯、手机充电器等）罗布都收纳在盒子里面，用一个插座

⊙ 出差的时候拔掉这个插头即可

六、右左脑型的卫生间及浴室收纳

1. 卫生间及浴室整体布局参考

　　右左脑型的人对于空间的使用便利性以及外观的美观程度，有着近乎苛刻的完美主义倾向。因此适合右左脑型的人的空间布局既不是琳琅满目的杂货铺陈列方式，也不是空无一物的极简陈列方式，而是像生活整理师 Shelly 家卫生间的布局一样在两者之间找到平衡。

　　Shelly 在收纳之前先确定卫生间承担的生活功能，包括个人清洁护理和家庭清洁等，再根据日常的生活动线将空间划分为几个不同的功能区。

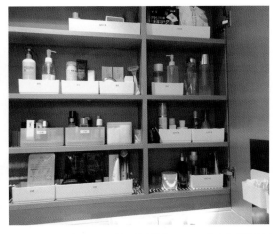

◉ 镜柜和台盆下柜体 Shelly 采用隐藏式收纳，台面采用开放式收纳

◉ 上方的镜柜为护肤区，按照护肤的流程和不同的身体部位分层分类收纳护肤用品

◉ 每一类护肤品 Shelly 都单独收纳在一个盒子里，一是便于分类和控制数量，二是防止拿取时碰掉其他的瓶子

◉ 中间区域的台面为个人清洁区，墙面挂架收纳高频使用的个人清洁用品

◉ 墙面右侧区域为 Shelly 使用，左侧区域为她的先生使用

ⓐ 台盆下的柜子为个人护理区，Shelly 主要用来收纳不太常用的洗浴类用品和护理用品

ⓐ 马桶旁的空间属于家庭清洁区，Shelly 用悬挂方式收纳清洁剂和清洁工具

ⓐ 大茶家的洗手区与浴室、马桶区二次分离

ⓐ 大茶用一根长度与结实度都恰到好处的黑色伸缩杆收纳该区域的小物件

2. 卫生间及浴室收纳用品及使用方法

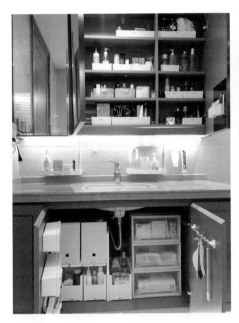

⊙ 拉出收纳盒 Shelly 就能看到里面存放的物品

⊙ Shelly 的收纳工具均为白色或透明，可以减少视觉
干扰

⊙ Shelly 将面巾纸隐形收纳

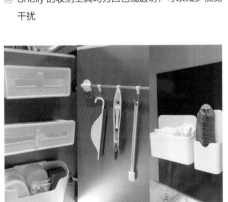

⊙ Shelly 充分利用柜门内侧空间收纳常用物品

⊙ 镜柜内小件物品 Shelly 用收纳盒
固定、分隔，防止掉落

◁ 无论是纸巾还是擦脸巾，水杯还是
牙膏，抑或是头发喷雾，大茶都可
以利用伸缩杆采用悬空式的收纳
方式

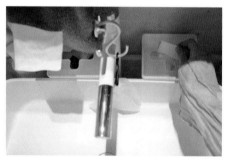

△ 大茶的台盆后方的大理石与台盆之间的高度差刚好
适合放置十字形开口的收纳盒

△ 两个十字形开口收纳盒用来收纳洗脸时最常用到的
化妆棉和化妆海绵

△ 洗手区下方的柜体大茶采用柜门下翻打开的设计

△ 收纳小盒搭配组合，将分类完成的物品进行分隔

△ 可以折叠的收纳盒大茶用于洗手区下方柜体内部
收纳

△ 大茶用小号密封袋分装清洁类与护肤类小样

⊙ 卫浴空间的墙面上大
茶使用超迷你的伸缩
杆，用来存放沐浴乳
和洗发乳等

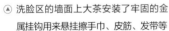

⊙ 洗脸区的墙面上大茶安装了牢固的金
属挂钩用来悬挂擦手巾、皮筋、发带等

⊙ 马桶周边大茶收纳着
如厕用纸、纯白色的
垃圾桶以及马桶清洁
用品

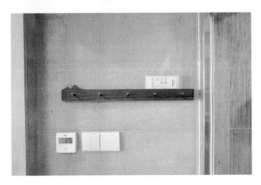

⊙ 大茶的遥控器在浴室十年如一日地"躺赢"

七、右左脑型的储物间及仓库收纳

1. 储物间及仓库整体布局参考

　　子霖对家中空间的规划，最满意也最让朋友们羡慕的就是这面宽为 3.6m 的步入式储藏室。最初子霖不知如何合理规划家中凹深 80cm 的不规则区域，如果放常规的收纳柜，深度不足之余，凹墙内的路由器电箱还得费心遮掩。

　　如今子霖直接将整面柜门外移与墙面找平，柜子与柜门间形成了 40cm 宽的过道，使人在储藏室内穿行十分便利。由于靠近大门，在门口拆掉了快递外包装的物品，如果体积或数量较大，也可以临时被搁置在储藏间的地面上，等到方便时再进一步地处理。对开的柜门上也可以用挂钩等收纳工具悬挂收纳一些零散的物件，充分发掘空间的收纳能力。

◉ 子霖家的步入式储藏室

⊙ 简易隔板柜子霖用于收纳储备的日用品。

⊙ 另外一半区域采用货架式的铁艺收纳架，为三口人的鞋子收纳
　展示墙和健身用具收纳区

⊙ 剩下的区域在角落放置了长柄伞桶和家用登高梯，在侧边墙面
　安装了吸尘器底座

2. 储物间及仓库收纳用品及使用方法

◉ 子霖选用标准化尺寸和款式的收纳
鞋盒，透明面板一览无余，盒内鞋
子清晰可见

◉ 抽拉时连杆带动盖板直接掀起，推
进同时盖板落下

◉ 布艺收纳筐子霖用来收纳用量较大
的纸质消耗品

◉ 备用量并不太大的洗漱用品等集中
收纳在牛皮纸抽屉中

八、右左脑型的儿童房及亲子收纳

1. 儿童房整体布局参考

儿童房的布局子霖充分参考了孩子的意愿，无论是房间的色调还是家具的外形，都尽量满足孩子的喜好。

◁ 子霖家儿童房
床体靠墙，为
了尽可能让房
间显得宽敞，
给孩子足够的
空间

　　随着孩子年龄的增长，物品的种类和数量开始发生变化，女孩子喜欢收集款式各异的文具和小物品，既要尊重孩子的意愿，又要维持整洁的居住环境，自然对收纳的需求也会增加。

◁ 子霖定制的飘窗式
矮柜与衣橱相连，
填补了原来空出的
墙面

◁ 矮柜下方的抽屉增
加了不少收纳空间

◁ 书柜、小茶几和靠
背椅子，也为喜欢
阅读的孩子提供了
一个特别温馨的读
书角

　　美丽的衣帽间一向是女孩们的最爱，爱打扮的子霖的女儿衣物种类自然也是少不了。

⊛ 衣橱有三扇对开门，左侧和中间两个柜子用来打造一个几乎不需要换季的衣橱，衣物子霖全部采用悬挂的方式收纳

⊛ 右侧的柜子用来收纳玩具

2.儿童房收纳用品及使用方法

◄ 子霖对每个抽屉收纳的物品都做了细致的分类，如玩具、小物品、文具等

◄ 在抽屉面板上贴好标签，可以很清晰地知道应该放入哪一个抽屉归位

ⓐ 子霖在抽屉里使用分隔盒，将物品种类明确分隔并直立放置

ⓐ 衣柜门的内侧用来收纳子霖孩子的小包、帽子和墨镜

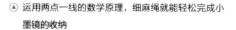

ⓐ 子霖用简单的几个挂钩，节省了平铺收纳可能占用　　　ⓐ 子霖在门后用两根丝带串联起所有头饰、胸针等小
　 的空间　　　　　　　　　　　　　　　　　　　　　　 物品

ⓐ 运用两点一线的数学原理，细麻绳就能轻松完成小
　 墨镜的收纳

ⓐ 公仔布偶中的"大个子"们子霖用隔板分层收纳，
"小不点"们用 S 形挂钩一个个挂在隔板的挂杆上

ⓑ 大块的乐高拼件子霖使用大号收纳箱统一装在
一起

ⓒ 小的拼件颗粒用透明分装盒按照颜色分类分装

第六章

收纳用品

一、PP 抽屉

1. 产品名字

PP 抽屉。

2. 性能特点

PP 抽屉是收纳时使用频率最高的收纳工具之一，多采用安全无毒的 PP 材质，防潮、防水、耐酸碱腐蚀，没有异味，容易清洁，便于管理。其方正的外形，可以像俄罗斯方块一样灵活组放，优化衣柜、橱柜内部空间，提高柜子内部深度空间和高度空间的利用率。

PP 抽屉适用于多种场景和空间，用来收纳衣物、文具、玩具及各种零碎的物品；可以用来进行功能模块的划分，巩固物品分类；开启和关闭方便，收纳物品好拿好放；不但有防灰防尘的作用，而且使整理后的空间统一美观；尺寸比较齐全，有多种规格供使用者选择，如同量身定制。

3. 主要尺寸

由于市场上 PP 抽屉的品牌和尺寸多种多样，本书选取了目前整理师和居住者使用频率较高的品牌和尺寸供大家参考。

天马（TENMA）

（宽度 × 深度 × 高度，单位：cm）

	进深 45	进深 50	进深 53	进深 74
面宽 30			F3018（30×53×18） F3023（30×53×23） F3030（30×53×30）	
面宽 39			F3918（39×53×18） F3923（39×53×23） F3930（39×53×30）	

续　表

	进深 45	进深 50	进深 53	进深 74
面宽40		FE5018（40×50×18） FE5023（40×50×23） FE5030（40×50×30）		
面宽44			F4423（44×53×23） F4430（44×53×30）	L4428（44×74×18） L4423（44×74×23） L4430（44×74×30）
面宽45	45 正方 （45×45×20） 45 正方 D （45×45×30）		53M（45×53×20） 53L（45×53×30）	
其他	F184（18.4×27.2×10.2）　F224（22.4×30.7×12.4）　F257（25.7×36.9×14.6） F316（31.6×41×17.2）　F330（33×47×21.5）　45 正方半（22.5×45×20）			

爱丽思（IRIS）

（宽度 × 深度 × 高度，单位: cm）

	进深 45	进深 50	进深 53	进深 74
面宽20		BC-200（20×50×23.5） BC-200D（20×50×30）		
面宽35	BC-450S（35×45×18） BC-450（35×45×23.5） BC-450D（35×45×30）			
面宽39			MG5323 （39×53×23） MG5330 （39×53×30）	MG7423 （39×74×23） MG7430 （39×74×30）
面宽40		BC-500S（40×50×18） BC-500（40×50×23.5） BC-500D（40×50×30）		
面宽44				MG7423W （44×74×23） MG7430W （44×74×30）
其他	BC-190（18.5×27.5×10）　BC-330（21.7×33.3×13.7）　BC-370（26.4×37×15.9）			

无印良品（MUJI）

（宽度 × 深度 × 高度，单位：cm）

	进深 44.5	进深 55	进深 65
面宽 34	收纳盒－小（34×44.5×18） 收纳盒－大（34×44.5×24） 收纳盒－深（34×44.5×30）		
面宽 40			衣物箱（40×65×18） 衣物箱（40×65×24） 衣物箱（40×65×30）
面宽 44		杂物箱（44×55×18） 杂物箱（44×55×24） 杂物箱（44×55×30）	
追加储物箱	18×40×11 18×40×21 18×40×30.5 26×37×16.5		
半型储物箱	14×37×12 14×37×17.5		

4. 使用方法建议

◁ 郭培在家里衣柜的层
　板区使用 PP 抽屉，
　可以合理地把高度空
　间进行分隔

◉ 衣服悬挂后，下方出现了剩余空间，李娜使
　用 PP 抽屉组合收纳折叠衣物

　　▷ 利用 PP 抽屉收纳折叠的衣物时，Clara 建议衣物采用竖立式摆放

　　▷ 衣物折叠的整齐面朝上，高度要低于抽屉的高度，是抽屉高度的
　　　80% ~ 90%

◉ PP 抽屉在储物柜中也同样适用，柘良君用其来收纳形状各异、大小不一的零碎食品、干货等

◉ 按照物品的尺寸和数量，柘良君使用进深、高度相同，面宽不同的大、中、小号抽屉组合收纳物品

◉ 小号抽屉用来收纳咖啡包

◉ 中号抽屉用来收纳花茶和袋泡茶

◉ 大号抽屉配合使用食品收纳罐用来收纳茶叶

▶ PP 抽屉在水槽下方柘良君用来收纳化妆品和日用品

◉ 小号 PP 抽屉李娜用来收
纳琐碎的文具小物件，分
类后在每层抽屉上贴上
标签

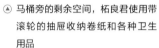

◉ 马桶旁的剩余空间，柘良君使用带
滚轮的抽屉收纳卷纸和各种卫生
用品

◉ 李娜购买 PP 抽屉时先测量柜子的宽度和进深

◉ 郭培在测量时，避开铰链凸起的地方和滑道的位置

◉ 抽屉组合的宽度和深度要小于测量尺寸，并根据空间和收纳物品的高度来选择相对应高度的抽屉

不同高度的 PP 抽屉可以用来收纳哪些物品？

10cm（含 10cm）：小吊带、内裤、袜子、丝巾、琐碎物品等。

18cm：薄款 T 恤、衬衣、卫衣、秋衣裤等。

23cm：牛仔裤、中厚毛衣、加绒卫衣、半身裙、围巾等。

30cm：棉服、羽绒服、厚夹克、床单、被套等。

使用 PP 抽屉时的注意事项：

使用 PP 抽屉组合时不一定要严丝合缝，有一定空隙留白是可以的。

PP 抽屉在柜子里的高度不要超过使用人的胸口位置（离地面大概 1.2m）。

二、抽屉用分隔盒

1. 产品名字

抽屉用分隔盒。

2. 性能特点

分类分隔、收纳灵活、一目了然。

3. 主要尺寸

PP 抽屉分隔收纳盒（宽度 × 深度 × 高度，单位：cm）：

小号：8×34.8×5；大号：12×34.8×5。

布艺内衣收纳盒（分为分隔、无分隔两种）：

面宽 9cm（9×33×11）、面宽 15cm（15×33×11）、面宽 24cm（24×33×11）、面宽 30cm（30×33×11）。

布艺抽屉储物盒：

小号：14×14×13；中号 28×14×13；大号：28×28×13。

纸质收纳盒：

小号：8.5×22.5×8.5；大号：18.5×23.5×8.5。

4. 使用方法建议

带隔板分隔盒：根据收纳物品的长度以及所占空间，可以灵活调整分隔插片的位置，适合收纳厨房用品、文具、化妆品以及各类杂物等。常见抽屉分隔盒有白色、透明色、磨砂白等颜色，一般为 PP 材质。

Ⓐ Dandi 推荐带隔板的分隔盒

Ⓐ Dandi 用抽屉分隔盒收纳厨房用品

Ⓐ Jenny 和 Bracy 用抽屉分隔盒收纳文具

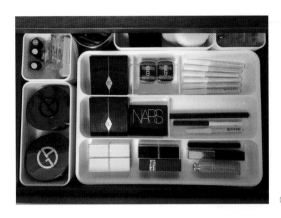

◀ Bracy 用抽屉分隔盒收纳化妆品

无隔板收纳盒：适合用来收纳厨房用品、衣物、药品等，在抽屉内起到分类分隔的作用。常见的收纳盒有白色、透明、半透明、灰色等颜色，一般为 PP 材质。

⊚ Bracy 用抽屉分隔盒收纳餐具

⊚ Clara 用可叠加收纳盒收纳餐具及料理工具

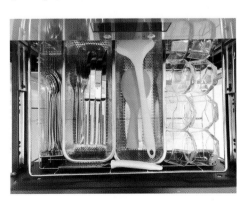

⊚ 李娜选用不锈钢材质收纳盒收纳餐具

▷ 舒馨的可伸缩收纳盒可以灵活调整宽度

◀ 李娜用抽屉分隔盒收纳药品

　　抽屉分隔板：根据要收纳的物品自由分隔空间，可灵活调节插片位置，适合收纳文具、首饰、化妆工具、茶具等小件物品。

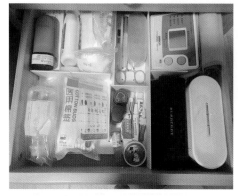

▲ 李娜用抽屉分隔板调整药品收纳空间

▶ 李娜用抽屉分隔板分隔收纳茶具

　　布艺内衣收纳盒：收纳衣物时，可以选择布艺材质的分隔收纳盒，将内衣、袜子、配饰等小件衣物按照使用者或者衣物类型分类进行收纳，方便日常使用。尽量选择白色、米白色等浅色系收纳盒，降低存在感。

⊙ 徐丹、Bracy、Jenny 选用布艺内衣收纳盒收纳小件衣物

　　纸质收纳盒：纸盒是一款简单实用、物美价廉的万能抽屉收纳神器，用来收纳文具、药品、电子产品、小工具等都非常适合，还可以根据使用需求随时更换。

⊙ 郭培按照药品使用者分类，用抽屉分隔盒收纳药品

⊙ 纸质分隔盒 Jenny 用来收纳电子产品及小工具

三、百纳箱

1. 产品名字

　　百纳箱。

2. 性能特点

　　百纳箱的常见材质是涤棉或无纺布，通常会有两个视窗和开口，内部有钢架支撑。百纳箱收纳物品的优点包括两个开口拿取方便、尺寸多样适合不同衣柜、不会压坏羽绒服或棉被、透气性好不易产生异味、不使用的状态下可以折叠节省空间。

3. 主要尺寸

（宽度 × 深度 × 高度，单位：cm）

40L：40×35.5×30；

66L：50×41×35；

88L：59×44×35；

123L：74×45×39。

4. 使用方法建议

ⓐ 百纳箱多用来收纳衣物等布料物品，如非当季、不常用、不常穿的衣服和床品等

ⓐ Shelly 衣柜里的层板区域空间较大，进深较深，将百纳箱放在这个区域

ⓐ 百纳箱有两个开口，一个在顶部，一个在立面

▶ 顶部开口大，方便以平铺的方式把衣物收纳进去，立面开口朝向人，两个侧边都会有透明的视窗，方便查看收纳在里面的物品

▶ 莎木使用时先打开上盖，将里面的钢架支撑起来，以平铺的方式放入衣物或床品，如需要临时取用其中的某一件衣物，可将立面开口打开

四、衣架

1. 产品名字

衣架。

2. 性能特点

衣架是常用的衣服收纳工具，主要用来将衣服挂起来，可以达到一目了然、拿取方便的效果。常用的衣架有实木衣架、植绒衣架、护领衣架、鹅形裤架等。

3. 主要尺寸

儿童衣架宽度 35cm 左右；

成人衣架宽度 42 ～ 45cm；

裤架宽度 25 ～ 38cm。

4. 使用方法建议

◉ Bracy 选用的实木衣架本身有一定的厚度，适合悬挂西装、大衣等对肩宽有要求的衣服

◉ 莎木选用的植绒衣架质感较好，可以有效防滑，比较薄，能极大地节省空间

◉ 护领衣架是塑料材质，在领口处有一个开口，徐丹可以轻松悬挂小领口衣服

◉ 衣架肩膀处做了圆弧形设计和防滑条，可以有效地防止衣服鼓包和滑落，得到了郭培、Bracy、Shelly 的喜爱

◉ 小艾、徐丹、Bracy 都选用鹅形裤架用来收纳裤子，操作简单，拿取方便

◉ 裤架分为正鹅形和反鹅形

五、洞洞板

1. 产品名字

洞洞板。

2. 性能特点

多场景适用，上墙收纳常用物品，配件容易移动，充分利用空间且井然有序，触手可及方便使用，对偏右脑型的主人非常友好。

3. 主要尺寸

宜家长方形：宽 36cm× 长 56cm;

宜家正方形：宽 56cm× 长 56cm。

其他品牌洞洞板参考该品牌的产品参数。

4. 使用方法建议

⊙ 长方形的小号洞洞板晶晶用来灵活收纳护肤和彩妆用品以及进门常用的消毒酒精

⊙ 大瓶装的护肤品收纳在方形高盒子里，防止倾倒

⊙ 小瓶护肤品和彩妆的尺寸不大，收纳在长方形的隔板上

⊙ 指甲钳、眉笔、化妆刷、梳子等细长工具收纳在小号可安插的长条盒子里，直立收纳

ⓐ 方形盒子插件晶晶用于收纳笔、剪刀、美工刀、胶水、笔袋、眼镜盒等各类细长文具

ⓐ 隔板架用来收纳办公时常用的记事本、钟表、香薰精油、护手霜等小物品

ⓐ 书立架用来收纳常用的 iPad

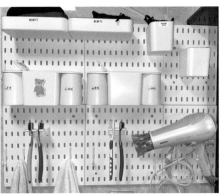

ⓐ 洞洞板的隔板可以用来收纳刮胡刀，方盒可以用来收纳常用充电线

ⓐ Clara 全家的刷牙杯都可以倒立收纳，牙刷完全裸露

ⓐ 吹风机同样也能利用相应的插件悬挂收纳，多余的电线能够很好地被固定在洞洞板上

ⓐ 洞洞板的挂钩插件可以用来收纳全家人的各种常用钥匙和配饰

ⓐ 出门必备的湿巾和常用药膏等物品，郭培根据形状特征收纳在长方形隔板或者方盒里

ⓐ 荀子在洗衣机旁安装了一组洞洞板，洗衣时必用的衣架、裤架、洗衣网兜都可以灵活地悬挂在合适的高度上

ⓐ 吸尘器的各种配件头也可以利用相应插件固定，上墙收纳

六、挂钩

1. 产品名字

挂钩、夹子、带挂钩夹子。

2. 性能特点

方便：随时随地可用。

便宜：价格从几元到十几元不等，最贵不过几十元。

安装容易：有的无须安装就可以直接使用，有的可以粘贴。

只有个别需要打孔，对使用者很友好。同理，拆也不太费力。

3. 主要尺寸

有多种尺寸可以选择。

4. 使用方法建议

⊛ 在一进门处，茗时用挂钩收纳在外穿
　　的外套

⊛ 瑾瑜在洗手池附近用挂钩收纳发圈和发绳

ⓐ 荀子为了保持洗手池台面清爽便于打理，将卷发棒用挂钩收纳

ⓐ Clara 的花洒、拖布都可以上墙收纳

ⓐ 洗脸盆、洗脚盆、儿童澡盆也可以用挂钩收纳，这样郭培清洁地面时不费力

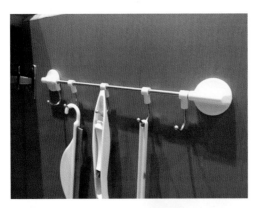

ⓐ 挂钩组合使用威力更强大，Shelly 橱柜门板上成组的挂钩可以解决小物品的收纳问题

ⓐ Jenny 门后的组合挂钩可以解决次净衣、浴巾、浴袍的收纳问题

ⓐ Shelly 在洗衣机附近用组合挂钩收纳衣架

ⓐ Dandi 选用的磁力挂钩能够承重5 千克的物品

▷ 利用磁力挂钩 Dandi 可以 DIY
一个垃圾袋挂架

▲ Dandi 选用的磁力挂钩可以用在
很多金属表面

▶ 磁力挂钩郭培用来
收纳一些家用电器
的电线，但需要注
意磁力可能会影响
产品使用

◀ 小艾用单夹
收纳帽子和
裤子

▲ 在植物旁边莎木用磁力挂钩收纳小喷壶

ⓐ 为了保持洗手池台面清爽，便于打理，Shelly
将洗面奶夹起来

ⓐ 莎木用带挂钩的夹子把湿漉漉的抹布、手套
悬挂起来晾干

ⓐ Jenny 用带挂钩的夹子配合小收纳筐收纳厨房里暂时不用
的葱、姜、蒜

七、收纳筐

1. 产品名字

收纳筐。

2. 性能特点

收纳筐通常是开放式的长方形容器，有塑料、布艺、木质、藤编、草编等材
质，适合收纳中频物品，既不是天天使用，也不是很少使用，而是一周到一个月会
用到几次的物品。通过搭配层板，收纳筐可以实现类似于抽屉的收纳功能。

3. 主要尺寸

宽度：15 ～ 40cm；

深度：20 ～ 40cm；

高度：10 ～ 30cm。

4. 使用方法建议

Ⓐ 内部比较浅的收纳筐适合放在厨房高柜、洗手间位置，舒馨用来收纳锅具、工具、清洁用品

Ⓐ 收纳筐自身材质要利于清洁，蚂小蚁建议使用塑料材质

Ⓐ 带把手的收纳筐适合放在橱柜高处，Bracy 用来收纳不常用的物品

◀ 内部比较深的收纳筐可以放在厨房地柜，李娜用来收纳炊具、锅具、工具等

◁ 布艺的收纳筐适合放在衣
橱、衣帽间，Shelly 和蚂
小蚁用来收纳内衣裤、家居
服等常用物品

▷ 透明或者彩色的收纳筐，郭培和蚂
小蚁用来收纳儿童玩具

▲ 藤编或者草编材质的收纳筐，蚂小蚁放在玄关、客厅等开放式空间中，也可以配合中式、美式家具分类收纳
杂物

八、保鲜袋和密封袋

1. 产品名字

保鲜袋和密封袋。

2. 性能特点

用保鲜袋或密封袋收纳物品清晰可见、一目了然。可以将无处安放的物品放入密封袋中，避免丢失，是细碎杂物物品的收纳好帮手；方便对同类物品进行集中收纳；受到空间的限制较小；能使饮食类物品延长保鲜期，并进行分类分装。

3. 主要尺寸

保鲜袋：0.4L、1L、1.2L、2.5L、4.5L、6L；

密封袋：7cm×10cm、10cm×15cm、14cm×16cm、17cm×25cm、24cm×35cm。

4. 使用方法建议

ⓐ 保鲜袋或密封袋的尺寸种类较多，市面上一些常见收纳用品品牌几乎都有自家设计的保鲜袋和密封袋产品

ⓐ 一些是完全透明，袋子上无任何信息；一些则用颜色进行尺寸区分

ⓐ 舒馨用不同尺寸的保鲜袋或密封袋对蔬菜、水果进行分装收纳，放置在冰箱冷藏区域中

▶ Jenny 对需要放在冷冻区的生鲜类食
　品进行分装收纳

▶ 可以避免一次吃不完的生鲜食品反复
　解冻，影响食物的口感和品质

◀ 对宠物的食物进行合理分装，瑾瑜将
　用保鲜袋或密封袋分装后的食物放在
　宠物餐盘附近的位置，方便喂食

Ⓐ 保鲜袋或密封袋可以让郭培很方便地将孩子的物品按大类进行集中收纳

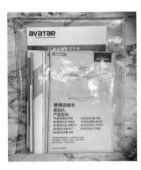

Ⓐ 保鲜袋或密封袋也非常适合　　　Ⓐ 家里一些日常用品的囤货，如暖宝宝、数据线、护肤品小样等黄大王和面
　收纳文件类物品，如说明书、　　　条用密封袋进行集中收纳，贴上对应标签
　合同、保单等

Ⓐ 黄大王将一个品类放到一个
　密封袋中进行集中收纳

Ⓐ 黄大王将家中细碎的小零件放入保鲜袋或密封袋中，如螺丝钉等工具类物品，纽扣等服装配件，3M 胶等辅助
　工具

Ⓐ 保鲜袋或密封袋也很适合收纳首饰类物品，尤其密封袋可以防止首饰氧化，且独立包装

九、保鲜盒

1. 产品名字

保鲜盒、密封盒、密封罐、储物盒、储物罐、米桶、面桶。

2. 性能特点

密封性好、美观（工具、颜色、形状统一）、直观（透明可见式收纳）。

3. 主要尺寸

霜山：0.9L（17.5cm×10.5cm×8cm），2.4L（17.5cm×10.5cm×19.5cm），3.4L（17.5cm×10.5cm×27cm）。

懒角落：0.4L（10.5cm×6.5cm×10cm），0.7L（10.5cm×6.5cm×15cm），1.2L（10.5cm×6.5cm×22.8cm），1.6L（10.5cm×6.5cm×30cm）。

宜家365+：1.3L（17cm×8cm×18cm），2.3L（17cm×8cm×30cm）。

霜山米桶、面桶：12L（48cm×20cm×29cm）。

4. 使用方法建议

⊙ 带把手的密封盒方便移动，郭培用来收纳米、面这类较沉的物品

Ⓐ 密封盒放在俯视的角度，舒馨和 Dandi 使用上盖
　透明的款式

Ⓐ 上盖不是透明的，郭培和 Bracy 在密封盒顶部贴
　上标签，注明收纳物品的名称

Ⓐ 密封盒放在仰视或平视的角度，舒馨、Bracy、
　Clara 优先推荐瓶身透明的款式

十、魔术扎带

1. 产品名字

魔术扎带。

2. 性能特点

一般由高强度尼龙制成，由正面的尼龙面和反面的绒面黏合产生强劲的黏合力。

◁ 魔术扎带正反面

3. 主要尺寸

常见两种形式：卷装和单条装。

卷装的宽度大约为 1.2cm，每卷长度 1～5m 不等。

单条的宽度为 1.2～1.5cm，长度 15cm 左右。

◁ 单条装和卷装的魔术扎带

4. 使用方法建议

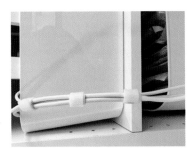

ⓐ 魔术扎带常被大宇用来捆扎数据线、电源线、耳机线，也可用于家庭电线走线的整理

◉ 魔术扎带可以灵活应用于各种生活场景，如大宇用来捆扎鲜花、固定绿植攀爬架、捆扎闲置衣架、临时捆扎窗帘等

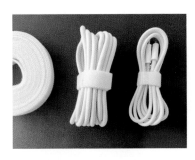

◉ 扎带颜色丰富，大宇发现常见的黑、白、灰色与大部分电线和数据线吻合

◉ 绿色与植物融为一体，可以有效降低视觉噪声

◉ 红、黄、蓝、橙等鲜艳颜色用于分类标注

ⓐ 大宇用单条装魔术扎带捆扎物品时绒面朝里，先穿过扎带头孔洞，再用力绑紧，之后缠绕一圈或数圈即可

ⓐ 单条装魔术扎带的优点是无须剪刀裁剪，比较适合捆扎粗一些的线材

ⓐ 卷装魔术扎带大宇建议使用时要注意绒面朝里，第一圈稍微用力捆扎牢固，再缠绕一圈固定更安心

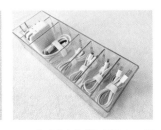

ⓐ 可撕式魔术扎带每间隔1cm预制手撕口，用手一撕就开了

ⓐ 大宇将捆扎好的数据线收纳到数据线收纳盒中

十一、伸缩杆

1. 产品名字

伸缩杆。

2. 性能特点

灵活机动：伸缩杆具备伸缩功能，对空间尺寸的测量不需要特别精细即可适配，进行物品的立体收纳。无论是两面有墙体的壁龛，抑或是平面的墙面，均可使用伸缩杆合理利用空间，堪称收纳工具届的万金油。安装毫不费力，在不需要的时候也可迅速取下。放重物时不需要特别固定，可选购杆托搭配使用。

节约成本：伸缩杆与一些定制类收纳配件（挂衣杆、隔板）相比，价格划算得多，同时因为安装方便，还能够节约不少安装的时间成本。

3. 主要尺寸

18～27cm、25～40cm、30～50cm、40～70cm、55～90cm、70～120cm、85～250cm、110～190cm、135～250cm。

4. 使用方法建议

▶ 当柜内较高且需要充分利用上部空间，而柜子本身没有排孔的情况下，安装定制的隔板会比较麻烦，这个时候可以使用伸缩杆

▶ 李娜用两根伸缩杆组成一个平面，便能起到隔板的作用，此处放置收纳盒或收纳筐比较合适

▶ Shelly 使用伸缩杆充分
　利用洗手台下的空间

▶ 洗手台下方有水管存在，
　不好放置普通的隔板，
　由两根伸缩杆组成的平
　面搭配合适的收纳盒用
　来收纳物品

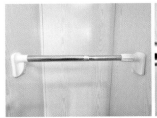  

◉ 当衣柜空间分配不合理需要改造时，面条用特定的伸缩杆承担挂衣杆的功能

◉ 伸缩杆两边用力撑起会对衣柜结构造成损害，使用时一定要搭配伸缩杆托

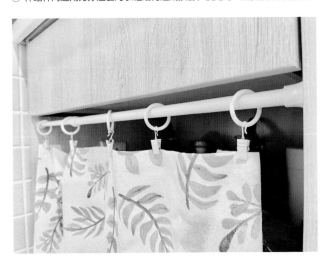

◀ 当开放式柜子内的物品过于杂
　乱，原戈想要在视觉上遮挡一
　下时，伸缩杆也能化身为布帘
　杆使用

◉ 洗碗用的洗碗布和手套，使用完后
需要晾干，Shelly 在窗台处用伸缩
杆搭配 S 形挂钩或者将洗碗布直接
搭在上方

◉ 再加一根杆儿，原戈又
能搭配收纳盒放置少量
葱、姜、蒜等厨房辅料

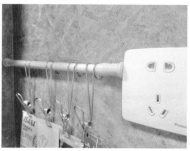

◉ 荀子在洗手间用伸缩杆搭配 S 形挂夹挂上
洗面奶、牙膏等

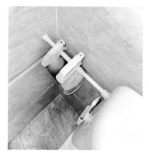

◉ 在马桶旁的小缝隙，Clara 把
清洁剂挂在伸缩杆上

◉ 当壁柜下方正好有个凹槽时，园子利用两根伸缩杆将纸巾固定在壁柜下做隐藏式收纳

◉ 伸缩杆可以和 S 形挂钩、S 形挂夹、收纳篮、收纳筐等进行各种组合，园子也可以根据需要使用伸缩杆托改造
收纳空间

十二、置物架

1. 产品名称

置物架。

2. 性能特点

置物架是一种收纳工具的统称，虽然形状不一，尺寸也因功能不同而没有统一的标准，但有以下共同点。

可以在原有的空间内通过增加置物架而扩容出更多的收纳空间，落地型置物架可以增加一层甚至好几层的收纳空间，墙面置物架可以利用空白的墙面增加收纳小物件的空间，而不会让物件占用操作台面。

由于置物架大多是开放式而不是封闭式的收纳形态，所有置物架都可以360度地利用四边空间进行灵活收纳。物件在上方的陈列方式和拿取方式也可以更加灵活，不像收纳盒一样只能从上方或者较低的正面进行拿取。

3. 主要尺寸

分层收纳架：长（33～51cm）×高（18～23cm）×深21cm（平均值）。

微波炉置物架：长（42～59cm）×高（41～115cm）×深40cm（平均值）。

厨房墙面置物架：长（18～19cm）×高（4～7cm）×深10cm（平均值）。

浴室墙面置物架：长（30～40cm）×隔板厚度3.5cm（平均值）×深度14cm（平均值）。

4.使用方法建议

◉ 置物架可以 360 度地利用四边空间进行灵活收
　纳，Dandi 在置物架侧方通过挂钩来增加收纳小
　件物品的空间，比如，剪刀、锅铲等

◉ 微波炉置物架体积小巧，安装方便，质量好的置
　物架稳固不晃，承重性好，Shelly 和李娜用来收
　纳厨房台面放不下的电器以及各种厨房常用物件

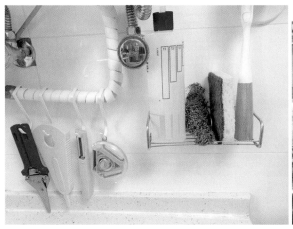

ⓐ 墙面置物架是非常灵活的收纳工具，可以固定在任何墙面上，分为免打孔型和打孔型

ⓐ Jenny 和莎木的墙面置物架材质大部分是金属与烤漆，不用担心潮湿环境引起生锈

ⓐ 免打孔型的墙面置物架，拆卸清洗非常便利

◀ 集中式收纳的代表是家中顶天立地的定制橱柜或者直接购买的落地型置物柜／架，立在地面上，通过层层空间，大茶将物品集中地收纳到了一起

◀ 大茶使用置物架发散式收纳

十三、小推车

1. 产品名字

小推车。

2. 性能特点

小推车采用分层收纳，移动灵活，小巧轻便；安装便捷，多为金属材质，稳固性、耐用性较高；可搭配收纳盒、挂篮、挂钩等收纳用品使用，适用于多种收纳场景。

3. 主要尺寸

宜家拉斯克：长 45cm、宽 35cm、高 78cm；

宜家拉舍：长 38cm、宽 28cm、高 65cm；

宜家耐斯弗思：长 50.5cm、宽 30cm、高 83cm；

宜家霍纳文：长 48cm、宽 26cm、高 77cm。

其他品牌与以上尺寸相似。

4. 使用方法建议

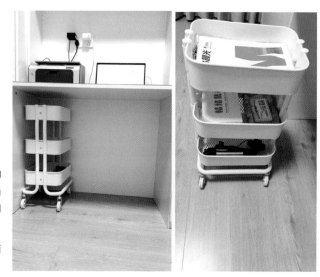

- ▶ 小推车舒馨用来在书房中收纳物品，放在书桌的下面，相当于三层储物架，用来收纳常用的纸品、文具、电子产品等
- ▶ 半隐藏式收纳可以释放台面空间

- ◀ 瑾瑜用小推车将宠物的常用物品就近收纳在活动范围内
- ◀ 按照物品的使用频率分类、分层收纳：第一层放置每日使用的食物、清洁用品；第二层放置存量食物；第三层放置不常用的清洁用品和宠物可以自行拿取的玩具
- ◀ 滚毛刷挂在小推车一侧，可以有效利用垂直空间

Ⓐ Jenny 和莎木都用小推车搭配敞口收纳盒、牛皮纸袋来收纳客厅的零食和水果

Ⓐ 根据不同食物的食用频率，将常吃的放上面，不常吃的放下面

Ⓐ 根据食物的重量，按照上轻下重的原则来确定收纳位置

Ⓒ 在厨房 Clara 用小推车收纳不易腐坏或无须放进冰箱的新鲜食材，如土豆、地瓜、洋葱、南瓜等